2050年再エネ9割の未来

脱炭素達成のシナリオと科学的根拠

ストラスクライド大学
安田 陽

山と溪谷社

2050年再エネ9割の未来

脱炭素達成のシナリオと科学的根拠

ストラスクライド大学
安田 陽

山と溪谷社

はじめに：2050年に再エネ9割？

「2050年には再エネが9割になる」と聞いて、あなたはどう思われますか？「そのとおり！」「いや、再エネ100%を目指さないと！」と思うでしょうか？　それとも「そんなのできっこない！」「夢物語だ！」「荒唐無稽だ！」と反論するでしょうか？

昨年2023年は今までで最も暑い夏といわれましたが、今年2024年はその記録をさっさと塗り替え、さらに暑い夏となりました。おそらく、今の子どもたちが大きくなったころに2020年代前半を振り返ると、「あのころはまだ涼しかったんだよ」と言わざるを得なくなる可能性が高いです。少なくとも、多くの科学者がコンピュータ・シミュレーションによってそう予測しています。

このように年々暑くなる現象は「地球温暖化」（グローバル・ウォーミング）といわれ、最近では特に英語圏では「気候変動」（クライメイト・チェンジ）さらには「気候危機」（クライメイト・クライシス）とも呼ばれることのほうが多くなっています。これは、単に地球の平均気温が上昇するだけでなく、それによって各地で極端気象が発生しやすくなり、自然災害を引き起こしやすいからです。

この気候変動は、多くの科学者の研究や調査によってそれが人為起源であることに「疑いの余地はない」という結論に達しています。その原因のほとんどが、火力発電やガソリンなどの化石燃料を使うことによって発生しています。しかしながら、日本では猛暑や極端気象による自然災害が発生しても「気候変動」という言葉が報道でなかなか紹介されず、日本の多くの人にとって「気候変動」が身近なものに感じられていないように見受けられます。実際に大きな被害に遭っているのに！

この気候変動に対する対策として「脱炭素」が国際的に提唱され、日本でも「カーボンニュートラル」という用語でにわかに盛り上がっています。この脱炭素の最も有力な手段が再生可能エネルギー（再エネ）であり、それ故、「２０５０年に再エネが９割になる」という予測が世界中で議論されています。

この「２０５０年に再エネ９割」は、私の個人的思いつきでも適当に挙げた数値でもありません。実は複数の国際機関が科学的方法論に基づいたコンピュータ・シミュレーションによる最適化計算で弾き出した将来の見通しです。そして、この情報は、私自身がスパイのようにある組織に秘密裏に潜入して暴いた秘密情報……では全然なく、実は、インターネットで広く公開され、世界中の誰もが無料で読むことのできる情報なのです。ご存じでしたでしょうか？

ここ数年、同じ質問を大学の講義や市民講座などでしてきましたが、ざっと９割の方が「初めて聞いた」「知らなかった」「驚いた」という回答をします。世界中の誰もが無料でアクセスできる情報を、なぜ日本では９割の人が「知らない」と答えるのでしょうか……？

日本は決して強権国家でもなければ、言論の自由が制限されて厳しい報道官制が敷かれている国でもありません。さまざまな情報が自由に流れ、お茶の間でテレビを見ながら、あるいはパソコンやスマホの画面を見ながら、世界中の情報が取れると多くの人は思っています。

しかし、何か見えないヴェールがかかったかのように、「日本になかなか入ってこない情報」がさまざまな分野で確実に存在します。私はそれを「ふんわり情報統制」と呼んでいます。脱炭素や再生可能エネルギーの分野は、まさにその筆頭に挙げられるかもしれません。本書のテーマとは全く異なりますが、２０２４年に英国放送協会（ＢＢＣ）の番組がきっかけで、ようやく日本でもしぶしぶ報道されるようになったジャニーズ問題にも似ています。

この「ふんわり情報統制」がなぜ日本で起こるのか、疑いだすとキリがありませんが、それは本書の目的ではありません。しかし、あたかもテレビやパソコン、スマホを通して世界中の情報が取れるかのように多くの人が錯覚している国において、その国に「なかなか入ってこない情報」が存在する可能性を念頭に置いて、冷静に情報収集する癖をつけることはとても重要です。むしろ、「なかなか入ってこない情報」が存在する可能性に無自覚になってしまうと、「ふんわり情報統制」を助長し、むしろ加担する側に回ってしまいかねません。

私はこれまで20年近く、複数の国際機関の専門会合の専門委員として日本から派遣され、国際委員会や国際会議に参加してきました。ありがたいことに海外の研究者だけでなく、電力会社（発電会社、送電会社）の実務者や政策決定者、各国の政府機関や規制機関の方、国際機関の担当者の方々と直に話す機会を与えられてきました。2024年からは研究拠点を英国に移し、国際会議や国際委員会への参加も格段に増え、文字どおり肌感覚で国際議論に日々参加しています。そのような立場から、国際議論の最新の情報や最先端の技術を日本の方々にお伝えすることがたいせつな仕事の一つです。もちろん「2050年に再エネ9割」も、日本に伝えるべき重要な情報の一つです。

本書では、相当程度の合意形成を経て公開された国際機関の報告書やデータを中心に、脱炭素と再生可能エネルギーの最新の国際動向をご紹介します。もしかしたら、日本の多くの方がこれまでなんとなく噂で聞いたり思い込んだりしていたことと180度違う情報もたくさん出てくるかもしれません。例えば「再エネは不安定」「蓄電池がないと再エネは入らない」「再エネがたくさん入ると停電になる」などという言説が日本ではまことしやかに流れていますが、結論から言うと、これらはほとんど科学的根拠がないか、わずかにあったとしても20〜30年以上前に信じられていた古い考え方にすぎません。今から20〜30年前の科学技術のレベルで、現代のスマホやドローン、ロボットの将来を語ることができるでしょうか？

「俺は情報機器に詳しいんだぜ！」とガラケー片手に熱弁するおじさんがいたとしたら、今の若者は全員ドン引きするでしょう。しかし残念ながら、電力やエネルギーの分野では、そのような20〜30年前の知識に基づいた時代遅れの言説がメディアやSNSで幅を利かせたまま、ドン引きどころか、サブリミナル効果で多くの人が信じ込まされている状態が続いています。

本書では、「再エネの5つの神話を解体する①〜⑤」という節も各章にちりばめて、次の5つの「神話」を解体していきます。

①再エネはコストが高い？（2・5節）
②再エネは未成熟？（3・5節）
③再エネを捨てるのはもったいない？（4・5節）
④再エネは環境破壊？（5・2節）
⑤再エネは不安定？（5・4節）

このような科学的根拠が貧弱な噂レベルの言説や古い考え方に対して、本書は基礎理論や科学的根拠を提示し、国際的な合意形成の現場サイドからの情報も交え、バグを修正していきます。「先入観と偏見を捨てよう」「今までの常識を疑え」「今までどおりでOKだと思うな」「情報は鵜呑みにせず一次ソースにあたろう」これが、よりよき未来を議論するための合言葉です。

それでは、始めていきましょう！

目次

第4章 再エネ普及に蓄電池は必要？

第5章　再エネはだれのため？　215

第1章
なぜ世界は再エネ9割になる？

1・1　我々は知らされていない

　私は現在、英国グラスゴーに住んでいます。これまで日本の京都を拠点に教育研究や執筆、翻訳、講演など再生可能エネルギー（再エネ）に関するさまざまな活動を行なってきたあと、英国に活動拠点を移してあらためて地球の裏側から日本を眺めてみると、日本と世界の間にとてつもなく大きく広がる情報ギャップを深く感じざるを得ません。いや、単なる情報や知識というレベルではなく、肌感覚で気候変動に関する考え方や行動が根本的に違うことに気づきます。

　英国ではニュースで気候変動が取り上げられることはしょっちゅうですし、街なかに気候変動に関して警告を発したり問いかけたりするようなポスターや看板もしばしば見られます。パブやタクシーでの何げない天気の会話のなかでも（なかば冗談交じりで）気候変動が話題に出てきます。気候変動を理由に若者のなかでベジタリアンやビーガンも流行り、ベジ／ビーガン・レストランもここ数年で爆発的に増えています（なぜ気候変動とベジ／ビーガンが関連するかについては**コラム２**にて後述）。

一方、日本ではどうでしょうか？　今年（２０２４年）も猛暑が続いた夏になりましたが、テレビの気象ニュースの99％が地球温暖化や気候変動に言及しなかったという調査もあります[1]。日本は気候変動による世界最大の被害国（２０１８年）という報告もあり、気候変動に起因する死者数は実に１２８２人に達し、経済的損害額は３６０億ドル（当時のレートで約４兆円）にも上ります[2]。このように、気候変動による被害は遠い未来の遠い国にやってくるものではなく、今現在私たちに直接降りかかってきているものなのです。それなのに、なぜ、日本の人々は気候変動に対してほとんど語らないのでしょうか？　その理由の一つは、**私たちは気候変動や再エネに関する情報を知らされていないからだ**、というのが長年の研究の結果、私が至った結論です。日本はまさに「ふんわり情報統制」と呼ぶにふさわしい状況なのです。そんな日本を分厚く覆う不気味なヴェールを剥ぎ取るために、本書を書きました。

本章では、国際エネルギー機関（ＩＥＡ）や国際再生可能エネルギー機関（ＩＲＥＮＡ）、さらには国連気候変動枠組条約（UNFCCC）、国連気候変動枠組条約締約国会議（COP）、気候変動に関する政府間パネル（IPCC）といった日本の新聞・ニュースでもおなじみの種々の国際機関の報告書を中心に、脱炭素・気候変動対策・再エネ導入の国際議論がどのようになっているかを見ていきます。

これらのほぼ全てが無料でインターネットに公開されているものですが、日本語に訳されていないものも圧倒的に多く、それ故、言語の壁があるのか、日本のメディアでもほんの一部しか紹介されていません。もしかしたら「初めて聞いた！」「今まで聞いていたのと全く違う！」と思われる方も多いかもしれませんが、先入観や思い込みは捨て、国際的な議論はここまで進んでいるということをニュートラルに見ていきましょう。

1・2　COP28の「2030年までに再エネ3倍」の背景

2023年11月から12月にかけて、気候変動枠組条約第28回締約国会議（COP28）がアラブ首長国連邦の首都ドバイで開催されました。この会議の結果、「2030年までに再生可能エネルギーを3倍にする」という目標が打ち立てられました[3]。このニュースは、翌日すぐに日本の各新聞・テレビでも報道されたので、記憶に新しい人も多いと思います。

このニュースを受けて、ＳＮＳでは、「日本も頑張ろう！」という前向きな見解もありましたが、私が見ている限りは「無理だ」「できっこない」「荒唐無稽だ」「現実を見ていない」などのネガティブな意見が（特に根拠の提示もなく）溢れていました。

また、早速、伊藤信太郎環境大臣（当時）がＮＨＫの番組のなかで「（日本では）必ずしも３倍にできる容量があるとは考えていない」と発言し、多くのメディアによって十分な検証なくそのまま報道されました［４］。

この環境大臣の発言の真意は不明ですが、実は、自らの所轄省庁がつい数年前に発行した報告書では、**日本の再生可能エネルギーのポテンシャル（現時点における技術的に採取可能な量）は、日本の１年間で使う消費電力量の約７倍もあると試算されている**［５］ということを、大臣は知らなかったのかもしれません。

また、欧州の10年前の実績では**風力発電のリードタイム（計画発表から着工までの待ち時間）は平均で、陸上風力で４・６年、洋上風力ではわずか２・５年**という統計データが公表されています［６］。このような情報はほとんど日本語になっておらず、日本の報道でもほとんど流れません。多くの方が知らない（知らされていない）のは百歩譲って仕方がないこととしても、気候変動を所轄する大臣の耳に入っていなかったとしたら、健全な政策決定をする上で大問題です。

例えば経済産業省の審議会では「２０３０年までというショートタームで対応可能な再エネは太陽光しかない」[7]などという発言もあり、それが客観的事実や科学的知見に基づくのか単なる委員個人の思い込みなのかが十分検証されないまま、政策に反映されてしまっている可能性もあります。しかし本来、「２０３０年までに再エネ３倍」を目指そうとすれば、太陽光だけでなく風力も（いや風力こそが）大きな切り札であり、日本においても、技術的にも経済的にも「２０３０年までに再エネ３倍」は十分実現可能なのです。

いずれにせよ、不勉強な大臣のフェイクニュースに限りなく近い個人的発言や、十分な調査に基づかない審議会委員の思いつき発言が、メディアによって十分なファクトチェックも経ずそのまま拡散されてしまったり、なんとなく政策に反映されてしまったり……というのが日本の現状です。とにもかくにも、この「２０３０年までに再エネ３倍」について、即座に「できない」「思わない」などの言い訳をしなければならないくらい、この「３倍」という数値は多くの人に驚きを持って迎えられたようです。

しかし、ここからが重要です。実はこの「３倍」という数値自体は、特に目新しいニュースでも新規情報でもありません。この数値は、ＣＯＰ28において初めて発表された数値でもありませんし、各国の思惑からアンダーテーブルでなんとなく決まった値でもありません。

この「３倍」という数値自体は、ＣＯＰ28から遡ること1年半前、２０２２年5月の段階で国際エネルギー機関（IEA）が公表した報告書[8]で大々的に発表されていたものなのです。この報告書については次節で詳述しますが、簡単にいうと、コンピュータ・シミュレーションによって、現在の技術や将来の発電コストを予測しながら、1.5℃目標（1.3節にて詳述）を遵守するために技術的・経済的に最適な解を弾き出した結果なのです。すなわち、この数値は**科学的方法論に導かれたもの**なのです。

しかし、この2022年の報告書の内容自体が日本でほとんど報道されていなかったため、「3倍」という数値だけがにわかに独り歩きし、日本では特に寝耳に水の人たちによって、できる／できないの科学的根拠を伴わない不毛な個人的意見の応酬に発展してしまったようです。

COP28で決まった「2030年までに再エネ3倍」は、その数値自体に新たな意義があるものではありません。むしろ、1年半前にとある国際機関がコンピュータ・シミュレーションで弾き出した数値が、あらためてCOP28に参加した**約200の国・地域の「総意」として最終合意文書**[9]**に明記された**、ということこそが大きな意義なのです。

ちなみに、余談ですが、COP28ではその会期中に「2050年までに原子力発電の容量を3倍」という宣言も提案されました[10]。これは前述のIEAの報告書には見られない過剰な目標であり、結果的に22カ国の賛同しか得られず、最終合意文書には盛り込まれませんでした。

しかし、**日本のメディアでは科学的根拠があるものもないものも十分なチェックがないまま、**

悪平等両論併記が好まれるのか、ことさら原子力について併記したがる記事も多く見受けられました。

このような「2030年までに再エネ3倍」の背景を解説してくれるメディアは、私が調査した限りでは日本ではほとんどなく、専門家向けの解説論文などで指摘されたのみになっています。ある国際情報が、その背景も含めどのように断片的に省略されて日本に伝わっているか、冷静に分析するにはとてもよい事例だといえるでしょう。

1・3　国際機関が予測発表！

前節で、「2030年までに再エネ3倍」がCOP28の最終合意文書で明記されたということを紹介しました。そしてその「3倍」という数値は、そこから遡ること1年半前の2021年5月の段階でIEAが公表していた、ということもお伝えしました。本節ではこの報告書の内容について見ていきましょう。

『2050年までにネットゼロ』と題したこのIEAの報告書自体は、実は日本で全く報道されなかったわけではありません。むしろ、IEAがこの報告書を公表した翌日に日経新聞など主要メディアが1面トップで取り上げたため、この報告書は日本でも（少なくとも脱炭素や再エネに興味を持ってビジネスをする人たちにとっては）有名です。

しかしこの報告書には、やはりコンピュータ・シミュレーションによって計算された「最適解」の結果、「２０４０年までに先進国で火力発電廃止」「２０３５年までにガソリン車の新車販売禁止」などの提言が盛り込まれており、対策の遅れている日本では、そのテーマに焦点が当たり大きく報道されました。

一方、この報告書では１・５℃目標を遵守するためのネットゼロシナリオが想定され、コンピュータ・シミュレーションによる最適解を計算した結果、再エネの設備容量（その設備がどれだけの電力を出力または消費できるか表した量）が２０３０年までに3倍、２０５０年に８倍になる、という結論を導き出しています。電源構成に占める再エネの比率でいうと２０３０年に61％、**２０５０年に88％にも達します（図１-１）**。なおＩＥＡはその後２０２３年および２０２４年にこの計算をバージョンアップさせており、２０２４年10月に公表された『世界エネルギー展望２０２４』では、２０５０年に再エネ88・5％、原子力８・７％、火力１・５％、水素１・２％と微修正されています［11］。

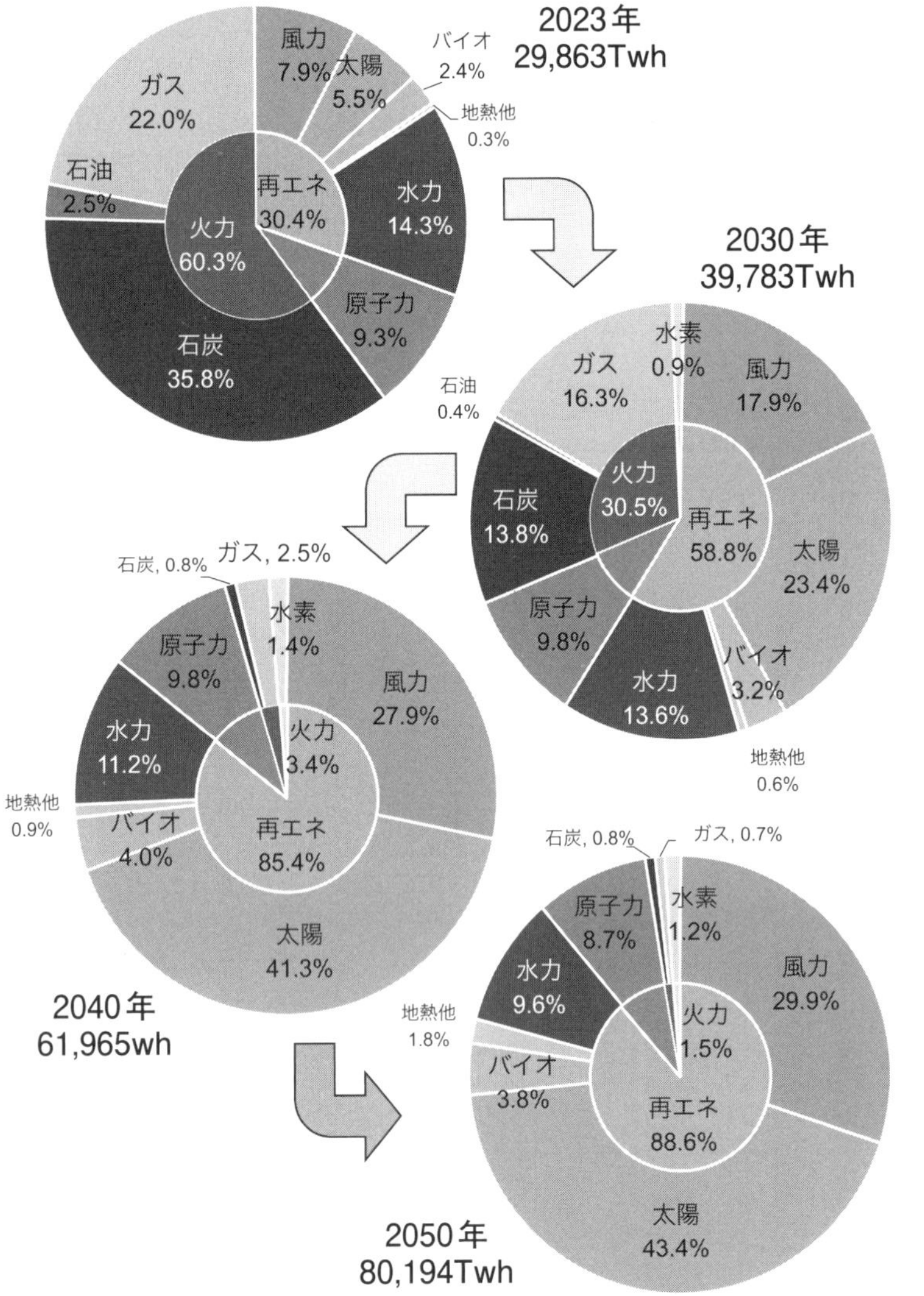

図1−1　IEAによる電源構成の将来見通し（文献［11］のデータから作成）

ＣＯＰ28の最終合意文書で明記された「２０３０年までに再エネ3倍」は、この報告書の結果から来ています。そして、この合意がなされた次には、「２０５０年に8倍」も当然ながら待っているということは、この数値が算出された背景をきちんと理解していれば容易に予想できます。３倍ができる、できないを言っている場合ではありません。

なお、ここまでの情報はＩＥＡの報告書に基づくものですが、似たような国際機関で国際再生可能エネルギー機関（ＩＲＥＮＡ）というものもあり、こちらもほぼ同じような時期に、やはり同じようなコンピュータ・シミュレーションによる将来見通しの報告書を公表しています[12]。そこでは再エネの設備容量が「２０５０年に12倍」「２０５０年に91％」という数値を弾き出しています。後者は再エネに特化した国際機関なので、再エネの容量や比率がちょっとだけ多いというのは面白いところですが、いずれにせよ、ほぼ似たような数値となっています。

特に、前者のＩＥＡは加盟国が経済協力開発機構（ＯＥＣＤ）加盟国に限られ、エネルギー源は石油・石炭・天然ガス・原子力も取り扱っている一方、後者のＩＲＥＮＡは再生可能エネルギーに特化しつつも、メンバーは発展途上国も含め１８０以上の国や地域に及ぶ、という全く性格が異なる機関であるということも興味深い点です。両者は特に仲が悪いわけではなく、お互い情報交換をしながら、目的や方向性が若干異なりながらも、いい意味で競争しているように見受けられます。このように、２つの異なる組織において、異なる研究者が異なるモデルを使って、ほぼ似たような結果を算出した、という点が重要です。

また、このようなシミュレーションは、とりわけこの２つの国際機関が世界で初めて実施したというわけではなく、これまでに同様の論文は世界中でいくつも公表されています。コンピュータ・シミュレーションの方法は、これまで論文などで公開され、国際会議でも報告され、研究者の間ではなじみのあるものですが、なかなかマニアックな議論なので、テレビや新聞でそうそう取り上げられるものではありません。そのような集大成として、また加盟国の合意形成の結果として、このような国際機関から報告書が２０２１年に公表された次第です。しかしそれでも、特に日本のメディアは気候変動や地球温暖化に関心が薄いのか、やはりあまり深く取り上げてくれません。

さらに情報を深掘りすると、この２０２１年にＩＥＡが公表した「２０５０年に再エネ88%」という数値自体も、この時点で特段目新しいものではありませんでした。私も過去10年以上、ＩＥＡの報告書を追っていますが、例えば２０１２年の段階で公表された報告書によると、その**当時の技術や制度では再エネは２０３５年までに30%くらいがせいぜいだと見通されていました（図1-2）**。ちなみにＩＥＡの予測はいつも保守的すぎて外れる（現実のほうが上回る）ということは、近年の太陽光や蓄電池の導入結果を見るまでもなく、研究者の間ではわりと「定評」があるものです。

もちろん、ＩＥＡも技術的進展や世界各国の制度設計などを調査していますので、年々それらの最新情報を取り入れてコンピュータに入力した結果、２０１８年の時点では「２０４０年に65％」程度に右肩上がりに予測自体が上昇していきます。２０１８年や２０２０年の時点では２０５０年のシミュレーション結果は公表されていませんでしたが、２０４０年までの予測曲線を延長すると２０５０年に90％程度に達することは誰しも容易に予想できました（少なくともこの分野の研究者の間では）。このため「２０５０年に再エネ88％」という結果が２０２２年に出てきたときも、全くびっくりしなかったどころか「ようやくあの保守的なＩＥＡもこのような数値を出すようになったか」とむしろ感慨深く思ったほどでした。

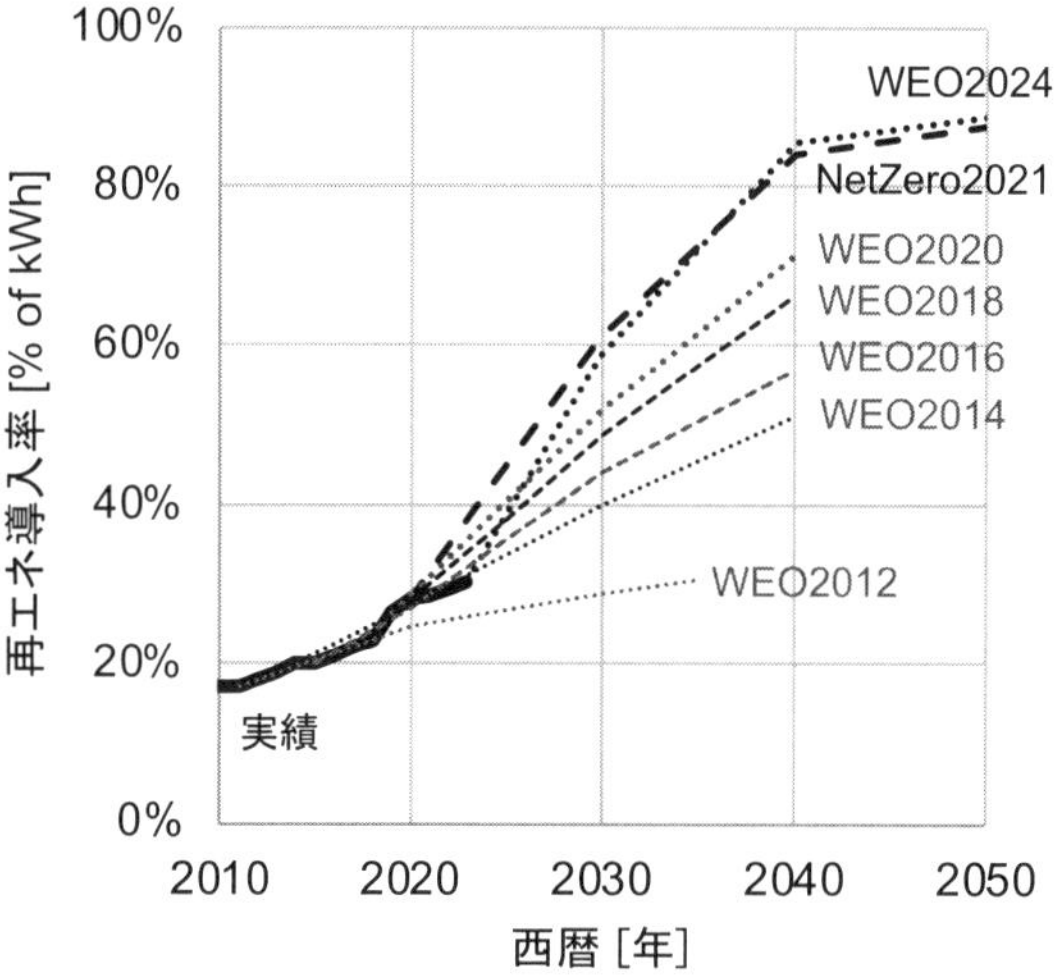

図1-2　IEAによる「電源構成の将来見通し」の変遷
（文献［8］［14］などのデータから作成）

しかしながら、これらの情報はほとん

ど日本語になっていないため、この国際的な動向を聞かされていなかった人は「2050年に再エネ約9割」という情報を聞くと、腰を抜かすほどの驚愕の事実かのように思ってしまうことが多いようです。そして、それが信じられない人ほど「そんな馬鹿な！」と根拠なくまずは否定する……という自己保身や**現状維持バイアス**（未知のものや変化を受け入れず、現状維持を望む心理作用）にかかってしまうのでしょう。

多くの日本の人々は（とりわけ社会の意思決定層にいる人たちほど）10年前にIEAが予測していた「再エネは2030年に30％くらいしか入らない」という古い情報のまま更新されていないのかもしれません。エネルギーの分野ではなぜかこのような古い時代の古い考え方がまかり通っているのが今の日本です。

このように2022年にIEAやIRENAによって発表された「2050年に再エネ約9割」という将来見通しは、インターネットで世界中誰もが無料で読めるものですが、私が調査した限りでは、この情報を日本語で紹介してくれる一般メディアはほとんどなく、わずかに数件あったとしても本文記事に一瞬出てくるだけで、毎日毎日、隅から隅まで新聞に目を通している人であっても、うっかり見落としてしまうレベルです。

私が、前任校の京都大学をはじめ、ゲスト講師として呼ばれた大学などで「2050年に再エネ約9割という将来予測を知っていますか？」とアンケートをとっても、そのときの学部や年次にもよりますが、ざっと９割の学生さんが「知らない」と答えます（京大が一番「知らない」率が多かったのは軽くショックでしたが……）。

このようなアンケート結果を学生さんたち自身にも公表して、「９割程度の人が『知らなかった』と答えるとしたら、それは知らなかったあなた方のせいではありません。肝心なことが『知らされていない』社会のあり方が問題です。あなた方はそのような現状の社会をどう変えていきますか？」とお伝えするようにしています。

日本では、言論の自由が制限されていたり誰かが強力に言論を監視したりしているわけではありませんが、このような肝心な情報をなぜかほとんど誰も語ってくれない、という状況が生まれてしまっています。これはまさに「ふんわり情報統制」といえるでしょう。

1・4　日本ではカーボンニュートラル。世界ではネットゼロ

前節で紹介した「2050年に再エネ約9割」などの将来見通しは、1・5℃目標を遵守するためのシナリオ想定によるコンピュータ・シミュレーションの結果です。このシナリオはIEAではネットゼロシナリオ（NZE）という名前で呼ばれます。

1・5℃目標とは、地球の平均気温の上昇を産業革命前に比べて1・5℃以内に抑える目標で

あり、これは2015年のCOP21で採択され、2016年に発効したパリ協定で掲げられたものです[13]。「協定」というと、なんだか紳士協定みたいに軽いもののように思われてしまいがちですが、これはれっきとした国際条約です。

なぜ、平均気温の上昇を1・5℃以内に抑えなければならないかというと、これ以上平均気温の上昇が起こって地球温暖化が進むと、異常気象が多発し人類に大きな影響を与えるばかりか、「ティッピングポイント（臨界点）」といって、後戻りできない気象上の不安定化を引き起こしてしまう可能性が高いからです。

このような気候変動は、もはや防止することはできない段階まで進んでいると考えられており、英語圏では温暖化「防止」ではなく気候変動「緩和」（マイティゲーション）という用語が使われています。

この平均気温の上昇は、**人類が人為的に発生させた温室効果ガス（GHG）が原因となっていることは「疑いの余地がない」**ということが世界中の多くの研究者によって立証され、IPCCの報告書という形で国際的にも合意されています[14]。温室効果ガスの人為的排出量をゼロにする、あるいは何らかの手段で温室効果ガスを吸収し、排出分をネット（正味）ゼロにする必要があります。IEAのネットゼロシナリオは、平均気温の上昇を1・5℃以内に抑えるために、2050年までにこの温室効果ガスの排出をネットゼロにするという条件を設定したシナリオのことを指します。

一方、ネットゼロと似たような言葉で「カーボンニュートラル」という用語もあり、こちらのほうが日本では好んで使われるようです。カーボンとは温室効果ガスのうち最も多い二酸化炭素（CO_2）のことを指します。カーボンニュートラルは炭素中立と漢字で翻訳されることもあり、二酸化炭素排出量を排出も吸収もしない状態（中立）を表します。その点で、カーボンニュートラルとネットゼロは「ほぼ同じ」と言っても差し支えありませんが、微妙に違う点もあります。

例えば、温室効果ガスのなかには農地や畜産業から発生するメタンも含まれ、これらの対策も必要です。意外なところでは世界中で若い人たちの間でブームになりつつあるベジタリアンやビーガンは、気候変動緩和と大きく関係があります（コラム２参照）。もしここで「はて？なんでベジタリアンやビーガンが気候変動と関係あるの？」と思った方は、これまで見てきたように、この問題が「ふんわり情報統制」によって肝心の国際動向が日本にほとんどもたらされていないことの一つである、とまずはお考えください。

このように、カーボンニュートラルという用語だけでは、必要な対策が抜け落ちてしまう可能性もあります。英語圏ではカーボンニュートラルは国全体の目標という文脈ではなく、とある製品が二酸化炭素を排出しない（文字どおり炭素中立）という意味合いで使う場合がほとんどです。ましてや、日本の政府文書に見られるようにCNと略しても、英語圏の人はさっぱり理解できません。そもそもCNは、国際規格ISO3166で定められた中国の国名コードですし……（日本のJPに相当）。

海外であまり通用しないカタカナ語や略語を使って議論しても、それはガラパゴス技術やガラパゴス概念になりやすいです。それを使うなとまでは言いませんが、海外ではその用語はほとんど通じない、ということを知らずに使うことだけは避けたほうがいいでしょう。これも、国際的に議論されていることと、日本で流布している情報との間の大きなギャップのうちの一つだといえます。

なお、同じく似たような言葉で脱炭素（デカーボナイゼーション）という言葉もあり、これは日本でも国際的にもよく使われます。本書のタイトルには「脱炭素」の用語が入っていますが、それはホンマは国際的によく議論される「ネットゼロ」を使いたいけど日本の読者向けにはなじみがないし、かといって国際的な話をするのに海外ではあまり使われない「カーボンニュートラル」は使いたくないし……、と悩んだ末の（よい意味での）妥協案だと思ってください。国際情勢をウォッチするには、内外の言語ギャップ・情報ギャップに無省察に引っかかったりそれに加担したりしないためにも、どの用語を使うかにも気を配る必要があります。用語一つ取っても、内外情報ギャップがあることを意識しなければなりません。

さて、IEAではネットゼロシナリオ（NZE）というシナリオが設定され、このシナリオによる最適解は2050年に再エネ約9割だということはすでに見てきたとおりですが、IEAでは別のシナリオも設定しています。それらは公表政策シナリオ（STEPS）および発表済み誓約ケース（APC）と呼ばれ、この2つのシナリオに基づくコンピュータ・シミュレーションの結果、最適解は2050年までに再エネ約55％、70％と、ネットゼロシナリオの88％より低くなっています。

これでは2050年までにネットゼロを達成できず、1.5℃目標も遵守することができません。つまり、簡単にいうと、STEPSは「今までどおり」のシナリオ、APCも「ちょっとやる気を出したフリだけ」のケースだということができます。

日本でも2020年10月に菅義偉首相（当時）がカーボンニュートラル宣言を行ない、2050年までにカーボンニュートラルを目指すことが政府として正式に決定されましたが[15]、その後、同年12月に発表された『グリーン成長戦略』では、電源構成における再エネが占める割合は2050年に40～50％という見通しが提示されました[16]。また2021年10月に政府によって策定された『エネルギー基本計画』（第6次）では、2030年で36～38％が目標とされました[17]。

これらの数値を、前述のIEAのNZEと一緒にグラフを描いてみると図1-3のようにな

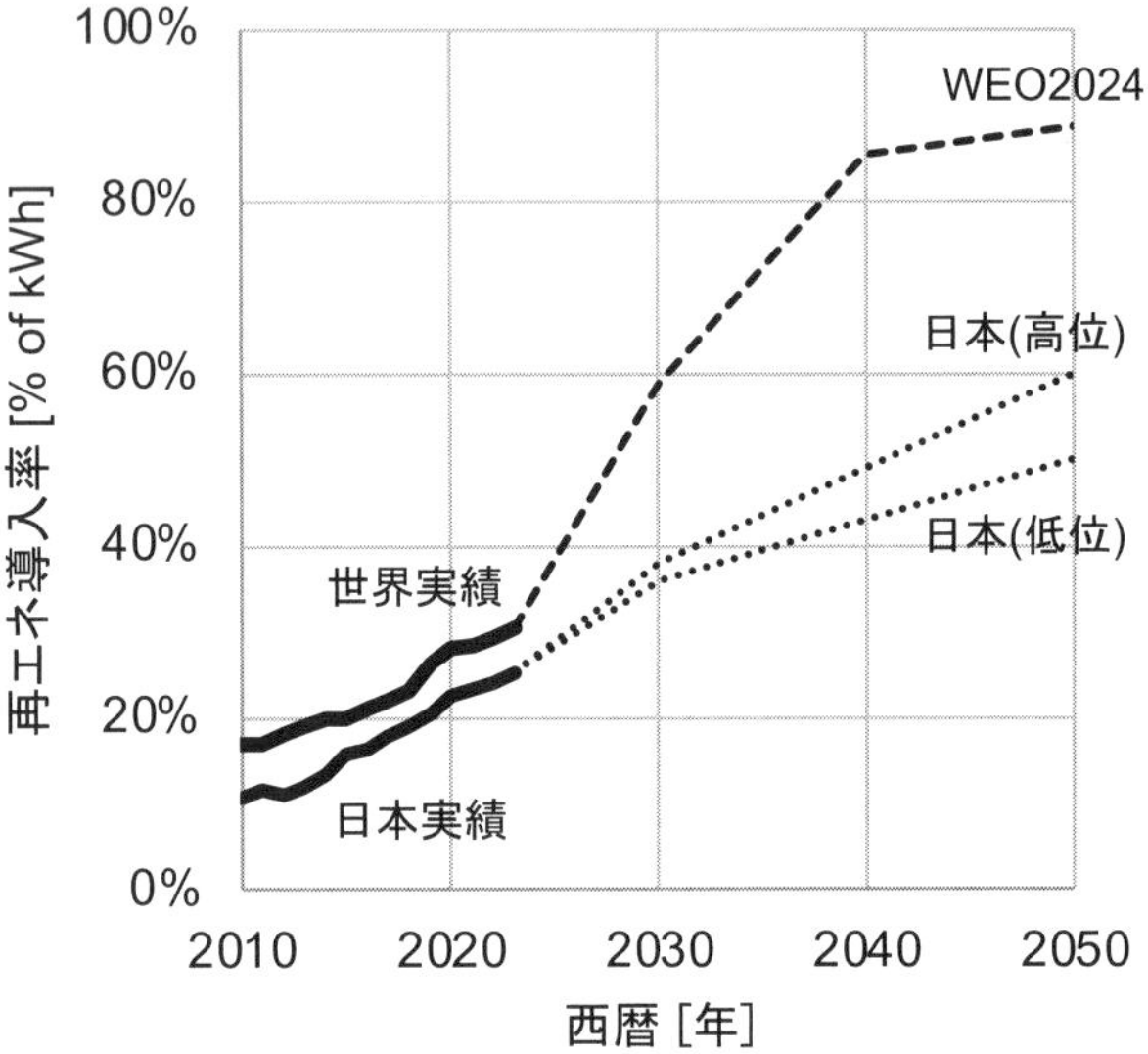

図1-3　日本と世界の再エネ比率長期目標・見通し
（文献[6] [17]のデータから作成）

ります。

図から明らかなように、日本政府が公式に掲げる見通しや目標は1.5℃目標を達成する国際的シナリオから劣後しており、IEAのSTEPSやAPCのように「今までどおり」「やる気を出したフリをしてるだけ」のレベルに止まっていることが読み取れます。日本政府がカーボンニュートラル宣言を出したからそれに向けて邁進すればOK！……ではなく、**実は「まだ全然足りない」状態なのです。**本書執筆時点（2024年11月）で議論が進む第7次エネルギー基本計画で、この再エネ比率の目標がどれだけ上方修正されるか、されないかで、日本の将来も決まるでしょう。

1・5　気候変動対策は「急げ」が基本

図1-3のネットゼロシナリオの曲線を見てみると、曲線の形状が上に凸になっており、2050年のゴールに辿り着くまでにまずは2030年までにスタートダッシュ的な急激な上昇が見られることがわかります。最初はだらだら少しずつ上昇し、最後になんとか帳尻を合わせるような下に凸の曲線ではありません。

このような上に凸のスタートダッシュを伴う曲線は、特に脱炭素・ネットゼロの文脈では非常に重要です。なぜならば、IPCCの報告書[14]によると、このまま人類が温室効果ガス（特に二酸化炭素）の排出を続けると、あと数年で産業革命前と比べて気温上昇が1・5℃を超えてしまい、地球の気象のバランスが崩れ、後追いで二酸化炭素を削減したとしても、もはや元に戻らない可能性があることが科学的に明らかになったからです。

2050年までにネットゼロを掲げても、のんびりしている暇はありません。スタートダッシュこそが大事なのです。そのスタートも、すでに1990年代から多くの研究者が警鐘を鳴らしていたので遅すぎるくらいですが、もうこれ以上先延ばしができないくらい人類は危機の瀬戸際に立たされているのです。

世界中の研究者の観測やシミュレーションの成果、そしてＩＰＣＣを中心とする国際合意形成のなかで、このような状況は「カーボンバジェット（炭素予算）」と呼ばれています。バジェットとはもともと予算とか財布を意味しますが、人類が排出できる炭素の量はもう限られており、早晩、財布が空っぽになって破綻する、というニュアンスがあります。温室効果ガスが増えすぎて大気循環や海洋循環などのバランスが崩れ、ティッピングポイントを超えると、その後から頑張って温室効果ガスを減らしたとしても、元の状態に戻らない可能性が極めて高いことが、ＩＰＣＣの報告書[14]で指摘されています。つまり、数多くの科学論文から導き出された蓋然性の高い結論なのです。それ故、２０３０年までのスタートダッシュこそが勝負であり、２０２０年代は「決定的な10年（クリティカル・ディケード）」とも表現されています。

この「決定的な10年」は国際機関の多くの文書に（欧米ではメディアでも）頻繁に登場します。例えば、1・1節で紹介したＣＯＰ28の合意文書[3]では、たった23ページの短い文書の中に「決定的な10年」が5回登場し、繰り返しこの「危機」に対して警鐘を鳴らす形で述べられています。しかしながら、このＣＯＰ28の結果概要を報告した日本政府の正式文書では、「決定的な10年」は一回も登場しません[18]。国際的に繰り返し述べられていることをあえて日本に伝えないことで、誰が何の得をするのでしょうか。全く不可解です。このことについては、メディアもほとんど何も追求してくれません。まさに内外情報ギャップです。

この文書は、世界中の誰もが無料で読めるように公開されているにもかかわらず、日本語に翻訳されていないためか、政府やメディアの「要約」では肝心のことが抜け落ちており、大して重要でなかったり、そもそも書かれていないこと（例えば「2050年までに原発3倍」）がわざわざ言及されるという事態になっています。もちろん、日本の研究者も「急がないと間に合わない」ということを、科学的分析を基に日本語で論文や報告書を発表して警告していますが[19]、このような地道な研究をメディアはあまり大きく取り上げてくれないようです。「ふんわり情報統制」は、誰かが意図的にするかしないか、悪意があるかないかにかかわらず、このようなところで容易に発生するという構造的問題を知っておくことが重要です。

また、日本では2021年からの世界的なエネルギー価格高騰や2022年2月のロシアによるウクライナ侵略を受けて「脱炭素や再エネなんてやってる場合ではないよ」というような根拠のないニヒリズム的な見解も目立ちます。本書をお読みの多くの方も、そのような見解を耳にしたことがあるのではないかと思います。しかし、世界の論調はその真逆です。

例えば国連は、グテーレス事務総長の発言を引用しながら、ロシアによるウクライナ侵略開始のわずか2カ月後の2022年4月の段階で、下記のような声明を発表しています（太字は筆者）。

「エネルギーについては、各国政府に対し、戦略的備蓄、追加備蓄を使用して、このエネルギー危機の短期的な緩和に役立てることを呼びかけています。さらに重要なこととして、**市場変動に影響されない再生可能エネルギーの導入を世界中で加速させ**、石炭やその他全ての化石燃料を段階的に廃止する必要があります」

「今こそ、この危機を機会に変える時でもあります。私たちは、石炭やその他全ての化石燃料の積極的な段階的廃止と、**再生可能エネルギーの導入と、公正な移行の加速化に向けて協力しなければなりません。**[20]」

ちなみにここでいう「公正な移行（just transition）」とは、関係者全員にとって可能な限り公正かつ包括的な方法で経済をグリーン化し、然るべき仕事の機会を創出し、誰一人取り残さないことを意味します。

また、ＥＵ（欧州連合）のフォン・デア・ライエン欧州委員会委員長も、やはり２０２２年４月の段階で、以下のように述べています（筆者訳。太字も）。

「我々がすべきことは、ロシアの化石燃料依存からの脱却です。これは我々にとってとても重要です。それ故、我々は石炭から手を引きました。石油にも目を向けています。そして、我々がなさなければならないのは、ロシアの化石燃料からの脱却だけでなく、**再生可能エネルギーへの大規模な投資も必要です**。これは自立のための戦略的投資というだけでなく、我々の気候や地球にとってもいいことなのです。[21]」

米国のバイデン大統領も、

「長期的には、経済安全保障と国家安全保障の問題として、また地球の存続のために、私たちは皆、**クリーンで再生可能なエネルギーにできるだけ早く移行する必要があります。**そして、どの国もエネルギーを必要とするために暴君の気まぐれに従うという時代は終わりです。終わらせなければならない、終わらせなければならないのです。」[22]

と、公式の場で述べています（筆者訳。太字も）。

世界は脱炭素・再エネに「急げ急げ」なのです。このことは、世界的なエネルギー価格高騰やロシアによるウクライナ侵略を受けて後退するどころか、**むしろ加速しています。**このような危機感が、なぜか日本の市民にはほとんど届かないようです。

前述のＩＥＡの報告書に立ち戻ると、２０５０年までにネットゼロを実現するために、具体的にどの技術でどれだけ二酸化炭素を削減できるかをコンピュータ・シミュレーションで試算した結果が提示されています**（図1-4）**。このグラフを見れば一目瞭然で明らかなとおり、脱炭素に最も貢献する技術は、風力と太陽光がダントツでツートップを務めていることがわかります。興味深いことに、電気自動車が３番目に位置付けられています。

同様の分析結果は、ＩＰＣＣからも報告されており、しかも日本語訳も公表されています[23]。やはり世界中の多くの研究者の科学的方法論に基づく別の予測によると、風力・太陽光

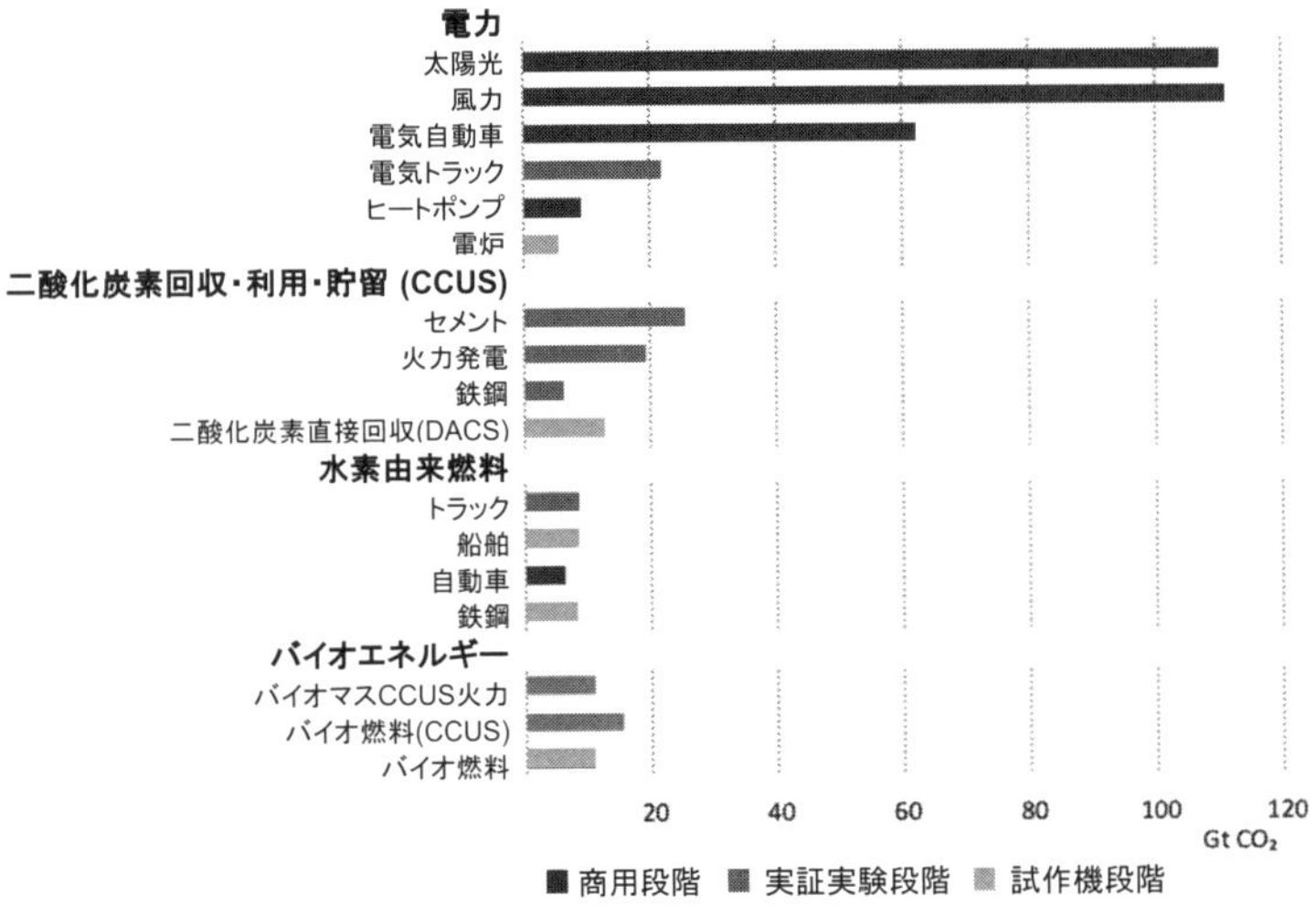

図1-4　IEAによる技術別二酸化炭素削減量（文献［8］を筆者仮訳）

が最も脱炭素に貢献する技術だということになります。このIPCCの分析結果のグラフは、私の調査した限りでは日本語で一回だけ、朝日新聞で大きく紹介されましたが[24]、それ以外のメディアではほとんど全く見かけません。やはりまだまだ十分国民に「知らされていない」状態です。

一方、日本のメディアでよく聞く水素関連技術やCCUS（二酸化炭素回収・利用・貯留）は、**図1-4**ではそれぞれ貢献度が低いだけでなく、まだ実証実験段階や試作機段階に分類されています。つまり、これらの技術の研究開発が予定どおりうまくいったとしても、2030年までのスタートダッシュには到底間に合わないのです。

それ故、カーボンバジェットや決定的な10

年の考え方を遵守すると、「急げ急げ」でまずはすでに実用段階にある風力と太陽光をなによりも真っ先に優先しなければならない……という結論になるのは極めて合理的です。そして、1・1節でも述べたとおり、太陽光だけでなく風力のリードタイムも適切な法制度さえ整えば2〜5年と短く、「急げ急げ」に最も対応できる発電技術なのです。

日本における脱炭素の報道や政府の方針（2・2節で詳述）を観察すると、例えていうなら本来実力のあるツートップがとても冷遇され、将来ものになるかどうかまだわからない育成選手ばかりが注目され、毎日毎日大きく報道される……という状況です。このようなチームは国際試合に勝てるでしょうか？　日本における報道は公平で偏向はないといえるでしょうか？

1・6　「夢のような技術」に期待しすぎていませんか？

1・3節の**図1-3**は、自分で描いていて、あれ？　どこかで似たような図を見たことあるけど……と記憶をたぐり寄せてみると、あ、そうか、フォワードキャスティングとバックキャスティングの図だ！と思い出しました。**図1-5**にその図を示します。

フォワードキャスティングは、現在の技術や制度の延長上で「できること」を考え、少しずつそれを積み上げていく考え方です。イノベーション理論（後述）では、インクリメンタル・

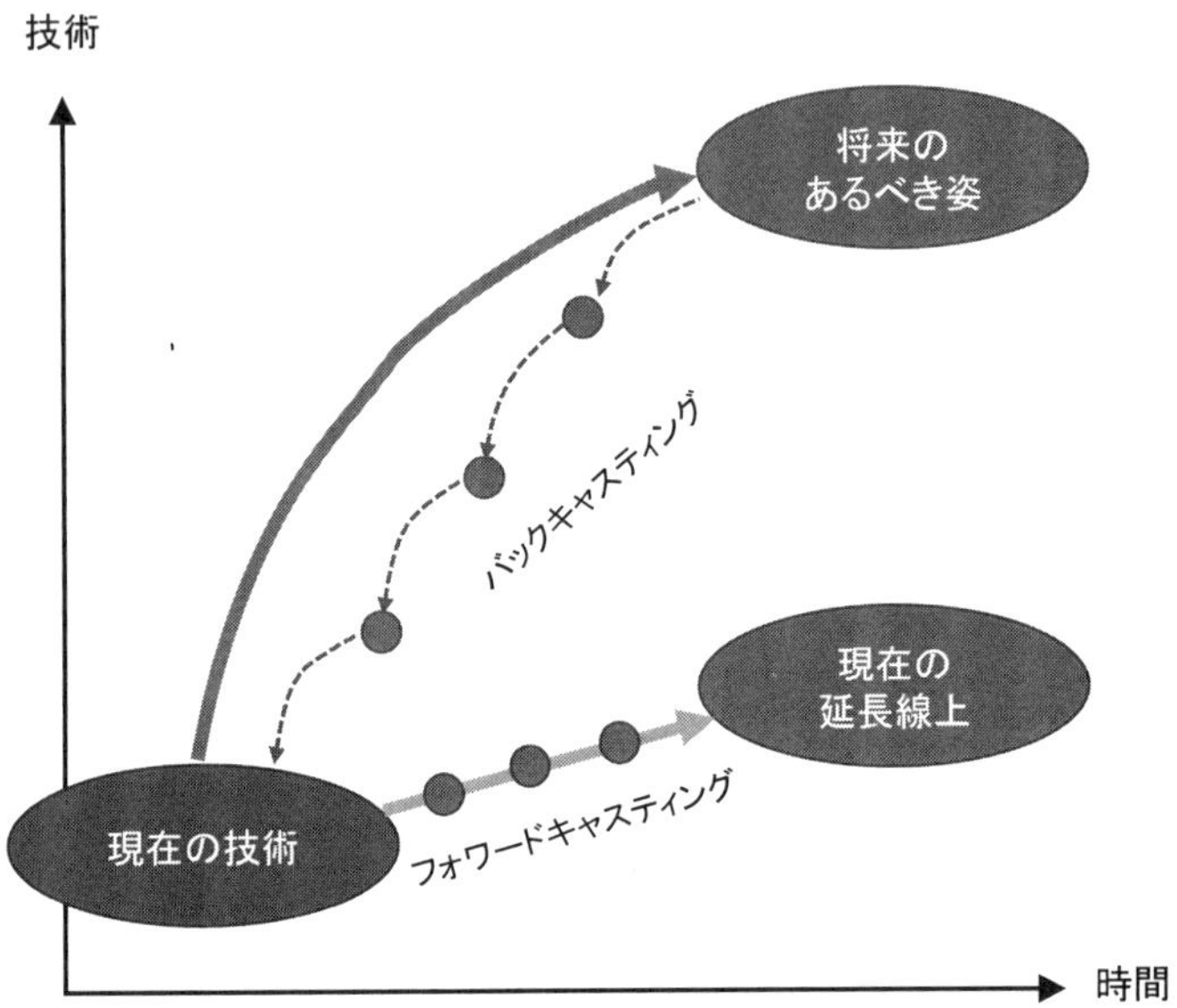

図1–5　フォワードキャスティングとバックキャスティング
（文献［25］の図を改変）

イノベーション（漸進的革新）がこれに相当します。後者のバックキャスティングは、将来のあるべき姿や理想論を高く掲げ、それを達成するためにはいつまでに何が必要かを逆算して目標や見通しを立てる考え方です。イノベーション理論に則すと、ラディカル・イノベーション（抜本的革新）あるいはディスラプティブ・イノベーション（破壊的革新）が必要になります。

図1-3と**図1-5**を比較すると、世界と日本の姿勢がそのまま見事に象徴されているように見て取れます。特にIEAやIRENA、さらには国連などの種々の国際機関は、なんだかんだ言って、人類の将来のあるべき姿を

描き、理想論を示します。例えば人権問題や国際紛争を目の前にして、国連の決議や勧告は無力だ……という論調は日本で多く、それはそれで事実の面もあるのですが、本来問題なのは、理想論やあるべき姿を掲げる国連のほうではなく、利己的な行動をする一部の国や組織のほうなのです。

現在の日本では、国家百年の計のような高い理想論を掲げる政治家や思想家がいなくなって久しく、むしろ理想論を掲げることに対して嘲笑や冷笑をし、そのような斜に構えた姿勢のほうがむしろ人気が集まるかのような風潮さえ見られます。理想論を否定したり軽視したりすることが「現実的な」という美辞麗句のもと、正当化されることもあります。しかし、誰かが理想論を掲げて進むべき道を示さなかったら、人類は、そして私たちの暮らしは、どこに進んでしまうのでしょうか？

国連をはじめとする国際機関は、政府間の綱引きがあるからこそ、面倒くさい複雑な合意形成のために、人類の叡智である科学的手法を用いて理想論を議論しています。新聞やニュースでは、とかく、どこかの大国が横車を押してその理想論やあるべき姿が失敗する例ばかりが（しばしば冷笑的に）取り上げられますが、実は水面下ではさまざまなことが少しずつでも前に進んでいるものもあります。図1-2に見たような、IEAの再エネ予測が過去10年間で右肩上がりに推移している点などは、そのような地道な調査と検証、合意形成の賜物かもしれません。世界の脱炭素の議論は、国際機関をはじめ**各国がすでにバックキャスティング競争をしている状況なのです。**

一方、日本では、そのようなあるべき姿や理想論を冷笑するのがカッコいいと勘違いする人たちが大半を占めてしまっているのか、情報収集を怠り、国際的な合意形成の輪にもうまく入れず、「再エネなんて役に立たないよ」と10年、20年前の知識で同じことを言い続け、気がついたら時代の進歩に取り残されていた……という状態かもしれません。

ちなみに、イノベーション理論においてバックキャスティングに相当するディスラプティブ・イノベーションは、もともと米国ハーバード大学経営学部のクレイトン・クリステンセン教授が1997年に刊行した歴史的名著『イノベーションのジレンマ』で提唱した用語です(日本語版は2001年刊行[26])。そこで優良事例として取り上げられているのは、当時の日本企業だったということは、多くの日本の(特に産業界の)人々にすっかり忘れ去られてしまっているのかもしれません。

同書では、当時米国で超一流の巨大コンピュータ・メーカーが、花形といわれていたメインフレーム(大型の汎用コンピュータ)に固執し次々に市場を失い経営に失敗した経緯をつぶさに描いています。当時の多くの米国大企業は、メインフレームこそこの分野の王道だと確信して投資をする一方、ちまちまとメモリやら個人向けコンピュータ(いわゆるパソコン)を作っていた日本企業の技術を過小評価し、取るに足らないものだと考えていたようです。このようなローテク汎用品が市場のニーズに合致しそれが席巻し、気がついたときにはもう取り返しがつかないほど手遅れ……という、当時の状況が生々しく描かれています。

そして、この本が刊行されてから20年ほどが経ち、当時のダメダメな米国巨大企業が歩んだ道を極めて実直に辿ろうとしているのが、日本の従来型産業かもしれません。「再エネなんて役に立たないよ」と冷笑・嘲笑を続けて空虚な自己優越感に浸っている間に、そして「ふんわり情報統制」で海外動向を知らされていない間に、気がついたときにはもう取り返しがつかないほど手遅れ……という『イノベーションのジレンマ』の再現版を、日本は見事に演じきっているようです。しかも初公演では勝者として、再演ではなぜか自ら配役替えを申し出て、敗者として。

実は、ディスラプティブ・イノベーションは必ずしも「夢のような技術」から生まれてくるわけではありません。1990年代のメモリに代表されるように、一見シンプルだったり、低コスト大量生産だったりする場合もあります。しかし、それが人々の考え方や社会を変える場合もあります。それが「破壊的な」イノベーションです。再エネもそのような技術の一つに数えられるでしょう。

なぜなら、IEAが試算した図1-4のとおり、脱炭素に大きく貢献するのは水素やCCU

Sなどの夢のような技術ではなく、今現在すでに商用化されているプルーブン（実証済み）な技術である、風力・太陽光（そして電気自動車）なのですから。そして、1990年代の米国企業が日本企業の開発するメモリやハードディスクを一段劣った技術かのように低く見て、気がついたら足をすくわれていたのと同じように、再エネは「不安定だ」「予測できない」などと一段劣った技術かのように低く見られてきた（日本ではいまだに）という構図もそっくりです。

1・1節で登場したパリ協定では、1.5℃目標や2050年までにネットゼロという単に最終ゴール（あるべき姿）を掲げるだけではなく、目標達成に向けて各国の取り組みや進捗状況を評価する仕組みも決められました。**図1-3**や**図1-5**の上に凸の曲線どおりに進んでいるかを途中でチェックすることも最初から合意に盛り込まれています。それをグローバル・ストックテイク（GST）と呼びます（「ストックテイク」は実績評価などの意）。前述のCOP28の合意文書[10]はこの第1回のGSTにあたります。

一方、各国が定めた取り組みは国が決定する貢献（NDC）と呼ばれ、このGSTでは、5年ごとに評価を行なうことになっています。今回のGSTの結果に対し、日本のメディアでは「脱炭素の進捗、日本は『優等生』欧米は目標とのかい離大きく」などの評価も目立ちます[27]。

日本が約束（NDC）を比較的順調に遵守しているように見えるのはそもそも最初の約束が低すぎるからであり、欧州各国が残念ながら自らの約束を達成できなかったのは、そもそも最初の約束の理想を高く掲げていたからです。当該記事ではグラフも提示され、あたかも科学的な分析がなされたかのように偽装されていますが、そもそも削減の基準年を２０１３年に変えるなど、日本が不利に見えないような極めて巧妙なトリックが随所に仕込まれています。上記のバックキャスティングやイノベーション理論が頭に入っていれば、この記事には他人の努力を嘲笑うような姿勢が透けて見えることに気がつくことでしょう。

これは例えていうなら、テストで90点を目指して頑張ったのに惜しくも80点しか取れなかった優等生を指さして「俺はちゃんと目標どおりの点を取ったぜ！」と自慢している生徒の点数が、実は30点だったにすぎないのと似ています。残念ながら、日本は国際社会において、やることをやらずに他人を指さして嘲笑っている人と同じように評価されています。少なくとも、私がさまざまな国際会議に参加して意見交換すると、そのような冷ややかな目で見られることが多いですし、それに対して私自身も否定することはできません。

逆に、「今までどおり」を望み、インクリメンタル・イノベーションで「やってるフリ」を演出したがる人（産業界）こそ「夢のような技術」「革新的技術」が大好きだという逆説的な組み合わせがなぜか発生しやすいのも、前掲の**図１-５**のフォワードキャスティングとバックキャスティングの比較図から説明することができます。

21世紀において、昭和時代的な「夢のような技術」（例えば水素、炭素回収など）に賭けたがるのは、自分たちが今まで「やってるフリ」で気がついたら大して進歩していないのに、今まで「大したことないよ」とバカにしていたローテク技術（1990年代はメモリやハードディスクなど、2010～20年代は再エネや電気自動車）が爆発的に伸長し、もはや取り返しのつかないくらい差が開いてしまったので、最後に帳尻を合わせるために一発大逆転を狙う……（あわよくば下に凸の曲線で2050年に間に合わせる）という構図から発生します。

特にメディアは「これさえあれば地球温暖化は解決！」「脱炭素の切り札！」のように夢のある技術を大々的に取り上げがちです。その地道な研究開発自体を温かく見守って応援してあげることは必要ですが、脱炭素の文脈で「夢のような技術」を喧伝することは、問題の先送りや隠蔽に容易に転化しやすいという構造を、多くの人に知っていただきたいと思います。

もちろん、水素や炭素回収もネットゼロを達成するのに必要なカードの一枚ですが、それを安易に「切り札」と表現してよいのか、よくよく考える必要があります。例えるなら、サッカーのタイムアップ寸前ラスト3分前で交代する「控え選手」というのが、比喩としてはより妥当でしょう。少なくとも、国際的に議論されている（そして日本で意図的に無視されている）カーボンバジェットや決定的な10年の観点からは、そのような解釈になります。日本は控え選手ばかりが連日メディアに露出して高額年俸をもらい、反対に今即戦力の肝心の主力選手（再エネ）がなぜか人気がなく、むしろ口汚いヤジのほうが圧倒的に多く聞こえる状況です。

1・7　国際機関報告書を読むべき3つの理由

本章では、国際機関の報告書を中心に、脱炭素（ネットゼロ）の国際動向について紹介しました。その際、原文ではどのような用語が使われ、どのようなデータが提示されているかについても（いくつかはグラフを掲示しながら）情報提供し、この章の末尾に参考文献として英語の原文を紹介しています。さらには、そのような国際情報が日本語で報道される際に、どのような情報が抜け落ち、どのような情報が誇張・追加されるかについても見てきました。

このように、国際動向を「読む」際に、意図する、しないにかかわらず、日本語と英語の言語ギャップによって、情報ギャップも生じてしまいやすいという「構造的問題」をあらかじめ認識しておくことは重要です。一見、国際的な情報を提供しているかのように思える日本語情報でも、チェリーピッキング（都合の悪い情報を隠したり伏せたりして特定の情報のみをつまみ食いすること）や国際動向から乖離した日本独自の解釈にすぎないものも少なくありません。

このようなカオス的状況のなか、どのように国際情報を収集すればよいでしょうか。フェイクニュースや陰謀論に引っかからず、科学的根拠に基づく言説を厳選するにはどうすればよいでしょうか。

国際情報を収集する際に、最も確実性が高い（科学的根拠に基づかない個人的意見に引っかからない）方法の最初の選択肢は、ズバリ、「国際機関の報告書を読むこと」です。まさに、本書の第1章がそれを実行しています。

「はじめに」でも書いたとおり、私はスパイのようにどこかの組織に潜入して、誰も知らない情報をスッパ抜いてきているわけではありません。地球上の誰もがネットで無料で読める資料を紹介しているだけなのです。その多くが、国際機関の報告書です。

そして、その内容を日本の方々に紹介すると、かなりの確率で「そんなバカな！」「それはウソだ！」という反論をいただきます。その反論によくよく耳を傾けても、科学的根拠をご提示いただけるケースはほぼ皆無です。また、反論したい人も、当該の国際機関報告書を隅々まで読んで、論理的矛盾があるとか、他の論文では別の結論に達しているなどという、科学的・論理的な反論を行ないたいわけではなく、単純に、自分の知らない情報に接した場合にまず心理的自己防衛のために他者を否定する、という現状維持バイアスに陥っているにすぎないように見受けられます。

そのような現状維持バイアスに陥らないためにも、**まず、ニュートラルに先入観なしに国際機関の報告書を読みましょう。**

とはいえ、残念ながら、これだけ翻訳文化が進んだ日本でも、毎年次々と公表される種々の国際機関報告書は、そのほとんどが日本語に翻訳されません。私もいくつかの専門書や国際機関報告書の翻訳をしていますが、一人でできる分量は限られており、時間もかかります。それ故か、日本のメディアもわざわざ原文を読んでそれを日本語にして紹介してくれるような記事は少なく、日本国内の誰かに聞いて短く要約したり解説してもらったりした情報を基に記事を書くケースもしばしば見かけます。

それが適切な要約や解説であればよいのですが、私が日本のメディアの脱炭素・再エネに関する記事をウォッチする限りでは、「サッカーの将来を語る記事を書く上でとりあえず野球の評論家に聞きに行く」的な内容のものも多く、裏を取らずにインタビュー相手のチェリーピッキングを見抜けないまま伝言ゲームでそのまま書いてしまうような日本語記事も少なからず見受けられます。

幸い、現在では機械翻訳やＡＩ（人工知能）の性能も上がっていますので、ぜひ、ネットで無料で読める国際機関報告書を全文ダウンロードして、機械翻訳でもいいから読んでみることをおすすめします。また、通常は１００ページ以上にもわたる膨大な報告書なので、最初から最後まで読むのは時間的にも気力的にも困難かと思います。我々研究者も日々積み重なる情報を収集するのにそのような悠長な読み方はあまりしていません（よほど素晴らしい資料は隅々まで読むけれど）。

そこでおすすめの方法論としては、

①資料の最初にある要約（エグゼクティブ・サマリー）だけ読む（機械翻訳可）

②グラフだけ眺める

③気になるキーワードを文書内検索して、その前後を中心に読む

というものがあります。特に種々の国際機関の報告書はデザインセンスがよく、グラフを眺めているだけで綺麗で楽しく、そして重要な情報やメッセージはグラフ化されていることも多いので、②はおすすめです。

国際機関報告書のよい点は、それ自体が膨大な情報の「要約版」「集約版」「合意形成された文書」となっていることです。国際機関報告書にはかなりの数の参考文献がついていることが多く、特に我々研究者など情報を深掘りしたい人たちは、その参考文献も入手して、報告書の内容を検証することも多いです。それがむしろ情報収集の王道です。

日本でよく聞く反論としては「国際機関の報告書は政治的に駆け引きで……」とか「特定の国の意見に染まっている……」などがあります。国際機関の決定や判断が大国の横車や政治的な駆け引きで歪められる場合ももちろんゼロではありませんが、私自身が過去20年くらい国際委員会で経験している体感としては、ほぼゼロです。そして、完璧にゼロではないからといって何でも読む前から頭ごなしに信用しないとしたら、相手に無謬主義を押し付けた結果の冷笑

主義・虚無主義でしかありません。なによりも先入観から食わず嫌いをしていたら、貴重な情報に接する機会を自ら断つことになり、そもそもそれは最初から情報収集に失敗しています。

もちろん、国際機関報告書の内容を鵜呑みにする必要はなく、むしろ批判的に読むべきですが、この場合、**「批判的」とは、十分な科学的根拠の提示なしに自分の個人的意見を優先させてよい、という意味ではありません。**もし批判をしたいのであれば、科学的データや理論を積み上げて、具体的に改善案を提案すべきでしょう。我々研究者はしばしばそうしていますし、場合によっては公表される前に第三者レビュー（査読）として加わることもあります。

私も大学の講義のときに学生さんに、「国際情報は、日本語情報だけでなくできるだけ原文とや意味が微妙に変わっているところがあるとしたら、その点こそ、重要な点です」と常々お（少なくとも英語）を入手して目を通してください。日本語の翻訳や要約で書かれていないこ伝えしています。一般の方々にわざわざそこまでやれとは言いませんが、少なくともSNSで脱炭素やエネルギー問題について一家言書かなきゃ気が済まない！というような熱心な方こそ、手間暇かけてやってほしいことですし、最近では機械翻訳やAIも優秀なので、こういうときこそ技術に頼ってよいと思います。なにより、私たちが入手した日本語情報は、もしかしたら英語情報とちょっと違っているかもしれない、と常にアンテナを張ることが重要です。

もし、国際機関の主張に批判的・懐疑的な立場であったとしても、いやそうであればこそ、最初から最後まで一字一句漏らさずに（できれば誤訳の多い機械翻訳に頼らずちゃんと自分で原文を読んで）じっくり読み込むことが必要になります。そうでないと、自身にとって都合のよいチェリーピッキングになりやすいからです。自分にとって都合のよい情報を入手したらそこで満足して情報収集をやめてしまう……のではなく（フェイクニュースに引っかかる人にありがちなパターン）、「もしかしたら私の知らない情報がまだあるのでは？」と、さらなる情報収集に務める（いわゆる「裏を取る」）という姿勢こそ、情報収集の鉄則です。読まずに批判したり、あえて無視して日本独自路線を唱えたとしても、それは**ますます複雑になる国際社会のなかで、目隠しして全力疾走するようなもの**で、どの方向に走りだしたとしても、未来には大きなリスクが待ち受けていることになります。

以上、国際機関の報告書を読むべき理由は主に3つあります。第一に、国際機関の報告書を読まずして国際動向を語れないこと、第二に、国際機関の報告書はよくまとまっておりわかりやすく、その分野の動向を短時間で知るにはちょうどいい分量の資料であること、第三に、グラフや図表のデザインも綺麗で眺めているだけで楽しく情報収集できること、です。

というわけで、国際情報収集をしたければ、世界の動向を知りたければ、まずは出発点として、気候変動や再エネに関しては以下の国際機関の報告書を読みましょう。

国際エネルギー機関（ＩＥＡ）https://www.iea.org

国際再生可能エネルギー機関（ＩＲＥＮＡ）https://www.irena.org
気候変動に関する国際連合（国連）枠組条約（ＵＮＦＣＣＣ）https://unfccc.int
気候変動に関する政府間パネル（ＩＰＣＣ）https://www.ipcc.ch

コラム1

非科学ナラティブに惑わされないために① 専門用語をコレクションしよう

「ナラティブ」とは、直訳すると「物語」を意味しますが、ここでは「わかりやすい話」と置き換えていただいてよいでしょう。ナラティブにはもちろん、よいナラティブと悪いナラティブがありますが、悪いナラティブの代表的なものが非科学ナラティブです。「わかりやすい話」で科学を装いながら、科学的方法論（2・1節で詳述）を巧妙に逸脱して、目的のためなら科学も否定する主張です。気候変動や地球温暖化、再エネに関してネットで検索しても、このような非科学ナラティブがとても蔓延しているため、かなりの確率でそれに引っかかってしまいます。そのような非科学ナラティブに惑わされないために、どのように日頃から気をつけておけばよいか、このコラムでちょっとしたティップスをご紹介します。

第1章で紹介した、ネットゼロ（カーボンニュートラルではなく）、気候変動緩和、バックキャスティング、カーボンバジェット、決定的な10年といった用語は、国際会議や国際機関報告書では多く目にする言葉ですが、日本ではなぜか政府文書にもメディアにもほとんど登場しません。もちろんインターネットではいくつかの有益な日本語情報もありますが、そもそもこのような用語があるということを知らされていなければ検索もできず、膨大なネットの海では、たまたまネットサーフィンしていて引っかかる確率は天文学的に低く、たまたま運よく出会うということはなかなか期待できません。

ＡＩに聞いたとしても、ＡＩは基本的にゴミ（ここでは科学的根拠に基づかない言説）だらけのネットの海から情報を拾ってくるので、回答にゴミが混入している確率もうんと高くなります。ＡＩに質問すること自体は悪いことではありませんが、質問のレベルが低いと回答のレベルも低いままです。質問のレベルを高め、ゴミを分別除去するためには、やはり専門用語や専門知識が必要となります。したがって、バックキャスティング、カーボンバジェット、決定的な10年のような本項で取り上げられた用語がなぜか国民に「知らされていない」という現在の日本の現状は、それ自体が日本の抱える深刻な問題だといえるでしょう。

本書では第1章からいきなり、なにやら難しい国際機関の名前や専門用語、暗号のような略語やらが次々に登場しましたが、試験をするわけではないので、暗記する必要はありません。ご安心ください。

しかしながら、このような専門用語や略語をメモにも残さず、気候変動や再エネに関してネットで調べる際に（最近ではＡＩに質問する際に）、うろ覚えの「なんちゃって用語」で検索すると、危険です。非科学ナラティブ、事実に反する情報（フェイクニュース）や科学的根拠のない言説、「なんでも評論家」の単なる思い込みによる個人的意見などに引っかかりやすくなってしまいます。

ある特定の分野について詳しく知りたいと思うのであれば、その分野で使われている適切な専門用語を普段から集めておき、専門用語で検索すると、上記のようなフェイクニュースや非科学ナラティブに引っかかる確率はうんと低くなります。なぜなら、科学的根拠のない言説は、ちゃんとした科学的方法論に立つ論文や国際機関報告書を読まないからこそ出てきやすいものであり、論文や報告書に目を通している人はそこに書かれた用語や表現をそのまま引用するからです。ちなみに「引用」とは一字一句正確に引くことであり、ここで用語を置き換えたり、例え親切心からだとしても表現を変更すると、あっという間に誰かの解釈が混入しやすくなります。世に流布する言説のなかには、残念ながら科学的方法論を無視・軽視した結果、単なる先入観や偏見だったり、個人的な思い込みだったり、あるいは悪意のある偽情報だったりすることもあります。専門用語は、転ばぬ先の杖、リスクマネジメントのツールでもあります。

専門用語はまた、例えていうなら圧縮ファイルのようなものです。ある用語一つを解説しようとしたら、その歴史的背景や基礎理論、場合によっては数式なども含め、大学の半年1単位の講義（1時間半×15回分）をたっぷり聞かなければならないくらいの情報量が詰まっている場合もあります。トレーニングを積んだ研究者や実務者であれば、例えば「二重給電非同期発電機」とか「多端子型自励式高圧直流送電」などという専門用語を聞いた瞬間、圧縮ファイルを解凍するが如く「ああ、アレね」と理解できますが、その圧縮ファイルの解凍方法を持たない人にとっては、単なる呪文のように聞こえてしまうかもしれません。

しかし、専門用語は、理解できなければダメというわけではありませんし、無理に覚える必要はありません。どこかにメモったり付箋を貼るだけでいいので、最初のうちは、よくわからないけどとにかく持ってさえいれば魑魅魍魎《ちみもうりょう》を退散させてくれる魔除けの呪文だと思っていただければ、とりあえずそれで十分です。本書で登場する専門用語も、そのようにお使いください。

第2章

再エネはコストがかかる？

本章では、再エネに関する関心事のなかでも日本で特に話題に上りやすいコストについて議論します。再エネのコストは高い？　最近は再エネのコストが安くなってきたから、そろそろ再エネの時代？　そもそもコストの話だけでいいの？　というお話です。

2・1　なぜ日本ではコストばかりが議論されるのか？

まず、コストの話の出発点として、第1章でも紹介したように国際機関の報告書にあたって、現在の国際動向を把握しましょう。

図２－１は国際再生可能エネルギー機関（ＩＲＥＮＡ）が毎年発表する再エネのコストに関する報告書の最新版から引用したものです。太陽光、陸上風力、洋上風力のいずれも、過去10年ほどで劇的な右下がりの線を示しており、現在では太陽光と陸上風力は火力発電の発電コストの範囲（図の灰色の帯の範囲）を下回っていることがわかります。ひところは「再エネは高い」というイメージでしたが、今ではむしろ再エネのほうが発電コストが安く、競争力を持っています。

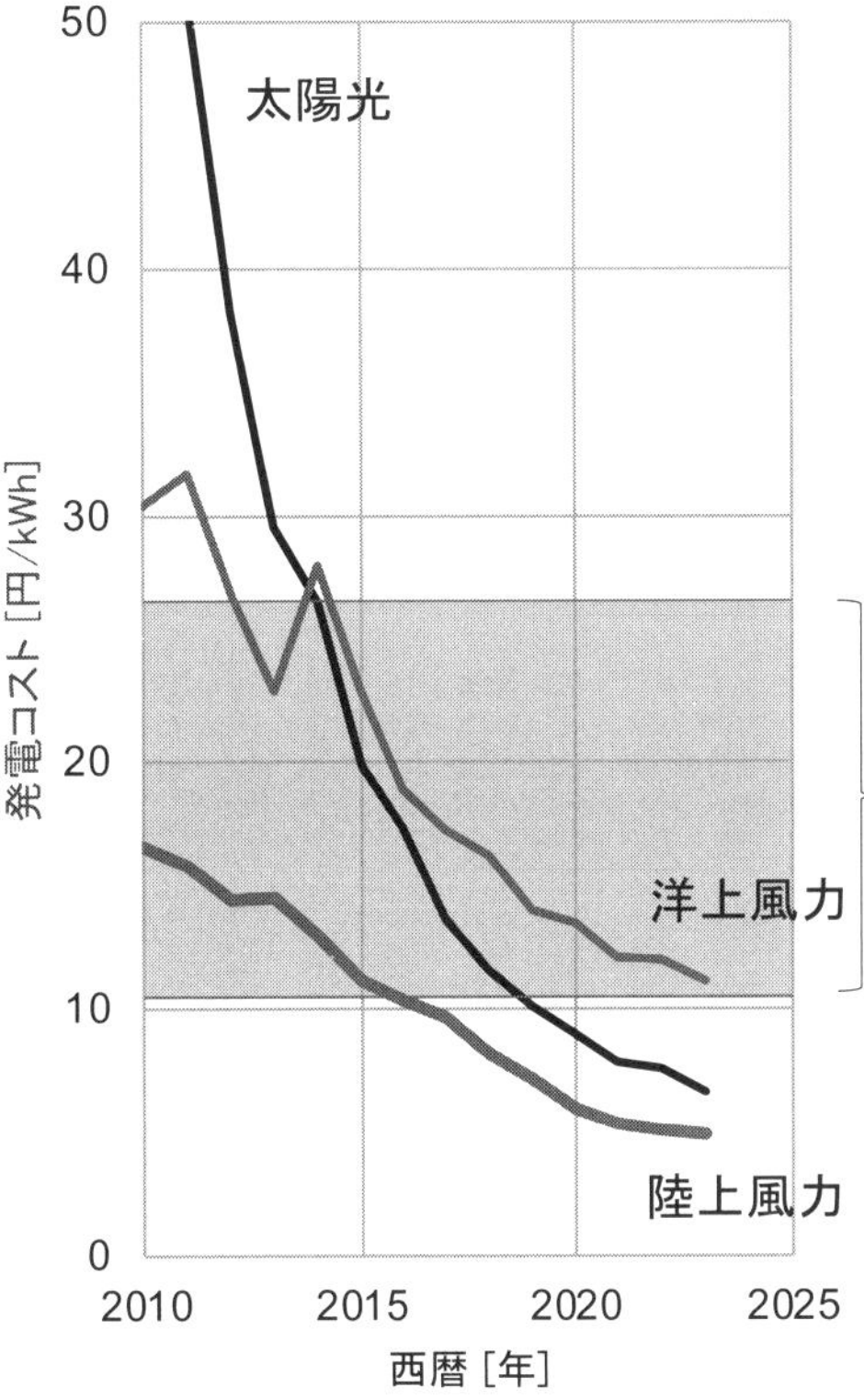

図2-1　世界の再生可能エネルギーの発電コストの推移
（文献［1］のデータから作成）

もちろん、これは世界平均の話であり、日本では残念ながら世界平均に比べ、まだまだ再エネの発電コストが高止まりしている傾向にあります。この点については2・5節で詳しく述べますが、本節で議論したいのは、「再エネは（世界では）安くなってきたからいい」「（日本では）まだ高いからダメ」なのでしょうか？……というそもそも論です。今までなんとなく当たり前に思っていた「常識」からいったん離れ、冷静に立ち止まって考えてみましょう。

本節のタイトルでもある「なぜ日本はコストばかりが議論されるのか？」という問いに対しては、シンプルに2つの回答ができます。一つは「**日本では（従来型エネルギー源の）外部不経済（隠れたコスト）が議論されないから**」、もう一つは「**日本では（脱炭素・再エネの）便益が議論されないから**」です。

世界では、もちろん再エネのコストについても盛んに議論されますが、その前に前提条件として従来型エネルギー源に外部不経済（隠れたコスト）があり、脱炭素・再エネに便益があるという共通理解があります。もちろん、世界でもこれらのことを無視したり知らなかったりして再エネのコストばかりを取り上げる論調もなくはないですが、少なくとも政策決定者やジャーナリスト、気候変動に関心がある多くの市民のあいだでは、すでに「知っている」こととして共有されています。しかしながら、私が日本において多くの人と議論する限り、この前提条件が政策決定者やジャーナリスト、市民にほとんど共有されておらず、肝心の前提条件なしにコスト、コスト、コスト……の議論に拘泥しているように見受けられます。
ここで**外部不経済**と**便益**という普段あまり聞き慣れない専門用語が登場しました。**コラム１**でも述べたとおり、専門用語は難しい！　専門用語が登場したらその時点で理解を諦める……ではなく、ここではこの専門用語にちょっとだけお付き合いいただいて、この言葉がいかに重要か、そしてこの言葉がいかに日本で巧妙に隠されているか、逆にこの言葉がないと議論がどのように歪んでしまうのか、について見ていきたいと思います。

2・2　「隠れたコスト」をご存じですか？

再エネのコストの話を深掘りするために、再エネだけでなくエネルギー全般のコストの話をしましょう。

電気代やガソリン代、最近どんどん高くなってきていますよね。物価が上がると家計を圧迫します。多くの人が、電気代やガソリン代などのエネルギーコストが上がると「けしからん！　もっと安くなってほしい！」と思っているでしょうし、それ自体は常識的なことです。しかし、ここでは立ち止まって、その「常識」の裏に何が隠れているかを解体していきたいと思います。

まず、逆説的なことをいうと、**エネルギーコストを下げるのは、実は簡単です。**エネルギーコストを下げる最も簡単な方法は、ズバリ、以下のとおりです。

①ズルをする
②都合が悪いことは隠す
③事故っても責任を取らない
④未来にツケを回す

さあ！　簡単にコストを下げられました！　安くなってみんなハッピー！……でしょうか？

このように、ズルをして隠して責任を取らずに未来にツケを回してでも安くしたとしたら、そのズルやツケによって見かけ上、安く見えているだけです。実は見えない部分に隠れたコストが載っている……ということは、誰にでも容易に想像できるでしょう。経済学では、このような隠れたコストのことを**外部コスト**、特にネガティブな影響を与えるものを**外部不経済**といいます。

なぜ「外部」という言葉がついているかというと、AさんとBさんが市場で取引して結果的に安い価格でハンドシェイクできて双方がハッピーだったとしても、その市場取引の「外部」に弾き出されてしまったコストがある場合、それ以外の外部の人が結果的に迷惑を被ることがあるからです。それ故「外部」という用語が使われます。

例えば、汚染物質を垂れ流す企業、A社を想定しましょう。汚染物質を適切に処理する装置に10億円もかけてられるか！とズルをしてこっそり川に捨てて、製品を安く売ったとしましょう。スーパーで買い物をしている一般消費者のBさんはA社製の商品を見て「あら〜、他社より安いわね〜。お買い得だわ〜」とその価格で買って、双方ハッピー！……でこの話は終わるでしょうか？　川に不当に廃棄された汚染物質によって、下流の人たちが重い病気で苦しんだり、農作物が穫れなくなったりする損害額は誰が負担すべきでしょうか？

このように、隠れたコストによって外部不経済があると、第三者への損害となって、回り回って社会全体の**厚生損失**が発生します。経済学は、世間的には金儲けの理論かのようにイメージされがちですが、意外と19世紀末ごろから発展した理論の根底には、このように「目先のことだけ考えててどないすんねん！　社会全体のことも考えなはれ」という設計思想が組み込まれていたりします。

前述のわかりやすい事例のように、汚染物質などの外部不経済によって社会全体の損失が発生することは、古くは**公害**と呼ばれていました。現在では**環境問題**という言葉のほうがより身近なようです。そして、21世紀の今、人類全体が直面している最も大きな環境問題が**気候変動（地球温暖化）**です。

二酸化炭素や温室効果ガスは、それ自体が汚染物質なわけではありませんが、それが人類の営みによって過剰に排出され続けると、地球のエコシステム（生態系）を破壊し、自然現象だけでは説明がつかない極端気象が多発することが科学的に立証されています。いや、より正確には、すでに過去十数年前から予想され、今現在そのとおりになっているのです。

　化石燃料による外部不経済は、具体的には主に気候変動を引き起こし、極端気象による自然災害（とはいっても人為的原因）による被害額とＮＯｘ（窒化酸化物）やＳＯｘ（硫化酸化物）などの煤煙による健康被害・自然破壊の被害額で示されています。ＩＲＥＮＡの推計によると、この外部コストは世界全体のＧＤＰ（国内総生産）の４・８〜16・８％にも上ります[2]。２０２２年の世界全体のＧＤＰは日本円に換算して約1京４０００兆円なので、**化石燃料の外部コストは実に約６８０兆〜２３００兆円にも達します**。化石燃料は安いといわれていますが、その裏にこのように膨大な隠れたコストが存在し、第三者、特に発展途上国の貧しい人たちや私たちの子孫、そして私たち自身にツケを回しているわけです。

　原子力も同様です。世界的には原子力発電の外部コストは低いとされていますが、それはそもそも海外では原子力の発電コストが高いからです。「原子力のコストが高い」というと日本の多くの人はびっくりするかもしれませんが、逆に「日本の原子力のコストは安い」というと世界の多くの人がびっくりします。日本の常識は世界の非常識、世界の常識は日本の非常識で、まさにここでも「ふんわり情報統制」が効いています。

例えば、今私が住んでいる英国では、原子力は最も発電コストが高い電源の一つになっており、政府が定める原子力の参照価格（英国では日本の固定価格買取制度〈ＦＩＴ〉と似たような差額決済契約〈ＣｆＤ〉という支援制度が原子力に対して行なわれています）は、92・５ポンド／ＭＷｈ、日本円に換算すると約17・３円／ｋＷｈになります。同じく英国の洋上風力発電は37〜42ポンド／ＭＷｈ（約６・９〜７・９円／ｋＷｈ）なので、再エネのなかでも最も高いといわれる洋上風力の２倍以上の価格で優遇されることになります。これはとりもなおさず、英国政府が「原子力は高いです、ごめんなさい。でも必要なので高くても推進します」とある意味正直なメッセージを出していることになります。

他の国もほぼ同様で、原発は最も発電コストが高い電源のうちの一つとして認識されています。それは、安全性を考慮すると安くは造れない（維持できない）からです。例外はロシアと中国で、これらの国では原発のコストは安いですが、人権があまり重視されない国では安全性に対してもあまり考慮されないからかもしれません。

原発の是非は本書では議論しませんが、原発を推進するにしても反対するにしても、この世界の動向を無視して議論することは、隠れたコストをより隠し、未来にツケを回すことになりかねません。世界中で原発は高いという試算があるなか、地震や津波や火山の噴火が他の先進国にも増して多い日本で、さらに世界最大級の原発事故を引き起こしてしまった日本で、原発のコストが安いとしたらそれは何を意味するでしょうか？

実際、日本政府も原発のコストが高くなる可能性については、正直に（しかしわかりづらくひっそりと）述べています。経済産業省の２０２１年の審議会資料によると〔3〕、各種電源の発電コストを試算する際に、上限値と下限値が推計されていますが、なぜか原発だけ上限値がありません。これは福島第一原発の事故後10年経ってようやくデブリを０・７ｇ程度取り出すことができたにすぎず、事故処理費用の上限が推計すらできない状態にあるからです。つまりこれは原発の発電コストが青天井で上振れする可能性があることを示唆しています。特に事故費用の負担は全ての原子力発電を持つ発電会社にも按分されるため、新規原発だけでなく、既存の原発を再稼働する場合でもコスト上昇の可能性があります。

しかし、審議会資料の表やグラフでは下限値のみが目立つ形で記載されており、多くのメディアもそれだけに着目して（直裁にいうと巧妙なトリックに見事に引っかかって）報道してしまうため、原発の発電コストはさも安いかのような情報が日本に流れてしまう構造ができあがります。他の電源の発電コストが下限値と上限値が提示されているなか、原発だけが下限値しかないとしたら、もしかしたらむっちゃ上振れしてしまうかもしれない分は全て「隠れたコスト」になります。

さらに、原発事故の処理費用だけではなく、核燃料サイクルの技術的実現可能性や最終処分場、事故時の避難経路などがほとんど決まっておらず、今後も次々に新たなコストが発生する可能性があり、コスト低減の見通しはほとんどありません。この辺りは龍谷大学の大島堅一教授の書籍で詳しく分析されています[4]。もし、日本において「原発のコストが安いから」という理由で原発を推進する人がいるとしたら、隠れたコストをさらに隠し、未来にツケを回し、「今だけカネだけ自分だけ」になっていないか、胸に手を当てて考えてみたほうがいいでしょう。

このように、電気代を安くするためには、(見かけ上) コストが安く安定的に輸入できる石炭を使った火力発電や、さまざまなコストが巧妙に隠された原子力発電をじゃんじゃん使ったほうが簡単です。ただし、「21世紀にもなってそれでいいの?」という話になります。

もちろん、誤解のないように述べておきますが、電気代を安くすることはできない、電気代が高くてもよい、という意味ではありません。適切な市場競争やイノベーションにより、健全な価格競争によってコストが低廉化していくことはよいことですし、それが市場のあるべき姿です。問題は、ズルをして隠してまで見かけ上安くして、未来にツケを回してまで私たちは安さを追求したいか?ということです。

日本にも「安かろう悪かろう」「安物買いの銭失い」というとてもよい諺が古くからあり、先人の智慧に今更ながら感嘆します。しかし、このありがたい古来の教えを忘れて、「電気代は安ければ安いほどよい」、さらには度を越して「安くするためならどんな手段を使ってもよい」と考えている人がいたとしたら、気候変動はまさに、この諺どおりの現実が今私たちに降りかかっているしっぺ返しそのものだということを思い出したほうがよいでしょう。

また、未来のことを考えるのはよいけれど、今困っている人たちがいる！という反論もよく聞きます[5]。例えば、高い電気代を払うことができず、電気を止められたり、クーラーを我慢して熱中症で亡くなったり……という痛ましいニュースをしばしば耳にします。

しかし、ここでも感情論や印象論に流されず、冷静に考える必要があります。そのような経済的に弱い立場にある方々が亡くなったり健康を損ねたりするのは、単に電気代が高かったからだけでしょうか？ 電気代さえ安くなれば、その方々は経済的・社会的に困難な立場から抜け出せて、ハッピーに（少なくとも憲法25条で謳われている健康で文化的な最低限度の生活を）過ごせるような福祉政策が現在の日本で整備されているのでしょうか？

私が欧州のある国の政府関係者にヒアリング調査をした際に聞いた言葉が印象的でした。「電気代が高いと経済弱者が困るという反論は我が国でもあるが、経済弱者の対策を考えるのは福祉の問題だ。福祉の不備や不作為をエネルギー問題に転嫁されても、ますます政策が歪むだけだ」と。このようにはっきり言ってくれる日本の政治家や官僚はいるでしょうか？ ぜひ日本でも、特に若い世代の政治家や官僚に期待したいと思います。

もしあなたが貧困問題に強く関心を持っているのであれば、それこそ表面的な価格やコストではなく、直接給付やベーシックインカムの導入、最低賃金の上昇、生活保護受給率の向上などを訴えるほうがより本質的かつ効果的です。

また、日本では貧困世帯は断熱性能が粗悪な家賃の安い住宅に住まわざるを得ず、冷暖房のためにより多くのエネルギーを使わなければならなくなり、かえって電気・燃料費の出費が多くなるという、矛盾した社会構造になっています[6]。住宅の断熱性能は、日本でも２０２２年６月の建築物省エネ法の改正により、断熱等級７といった最高等級が定められ、徐々に改善が進んでいます。しかし依然として、他の先進国に比べ断熱性能が劣悪な状況が続いているということは、多くの日本の人にほとんど知らされていない状態です。

断熱が劣悪なままの住宅は、エネルギー的にはまさに「穴の開いたバケツ」と同じで、40℃を超える猛暑や零下となる真冬に冷暖房をガンガンにかけたとしても熱エネルギーが無駄に外に漏れている状態です[7]-[9]。まさに「安かろう悪かろう」の粗悪な製品が規制されず市場に野放しになっている状態です。行政はこれを放置していてよいのでしょうか？

「電気代が高くなったら、貧しい人たちが困る」という主張は、一見、多くの人の感情に訴えかけ、共感を呼びやすい美しいフレーズですが、たとえ善意であっても目先のことだけに拘泥してしまい、結果的に本質的な問題解決にならない可能性があります。さらに場合によっては、問題を把握しておきながらあえて本質的課題から多くの人の目を逸らせるための意図すら見え隠れします。多くの人が共感を呼ぶような「わかりやすい主張」には、要注意です。

同じく、ガソリン代も今は政府の補助金によって見かけ上、安く売られています。この補助金（正式名称は燃料油価格激変緩和補助金）は、2022年の世界的なエネルギー価格上昇の際に発動され、現在（本書執筆時点の2024年11月）も続いています[10]。レギュラーガソリンの全国平均価格で見ると、これまで最高で補助金がなければ210円代に達していたものが170円程度に抑制されました。

さあこれでエネルギーコストが安くなって、あなたもわたしもハッピー！でしょうか？　あるいは、あなたとわたしだけハッピー！であれば、あとは未来の子どもたちはどうなっても知らん！でしょうか？　この隠れたコスト、すなわち外部不経済を無視したり軽視したりすることは（あるいは知ろうとしないことは）「今だけ、カネだけ、自分だけ」を見事に体現する姿勢だといっても過言ではありません。このガソリン補助金については、さすがの日経新聞も「対症療法的な支出の長期化は脱炭素に逆行するだけでなく、市場の価格形成をゆがめる」と強く批判しています[11]。市場を歪ませるので、当然といえば当然です。

ガソリンの隠れたコストは、このような気候変動対策に反するような理論的正当性のない政府の場当たり的補助金だけではありません。ガソリン車など化石燃料を使う車が排出する排気ガスによって人々の健康に直接的被害があります。また、特に車は深刻な交通事故を引き起こし、かつては「交通戦争」とさえも呼ばれていました。私たちは安さと便利さを享受する代わりに、このような人の命や人生が失われるのを社会全体で見過ごしていることになります。

「ガソリン代が高くなると、特に地方に住んでいて車中心で生活している人ほど打撃を受ける！」という声もよく聞きます。前述のガソリン補助金の是非を議論すると「ガソリン代が高くなってもいいというのは、車を使わなくても生活できる都市生活者のエゴだ！」という意見もよく聞きます。

その言説には多くの人が納得してしまいがちですが、やはり隠されたカラクリがあります。地方で車なしに生活できない現状は、そもそも公共交通を発達させてこなかった（あるいは、昔あった路線を廃止して意図的に少なくした）政策の失敗では？と。

日本は世界でも稀に見る鉄道発達国で、今でも海外から賞賛の目で見られます。例えば新幹線はもはやＳｈｉｎｋａｎｓｅｎで通じるくらい世界的に有名ですが、「新幹線の運行頻度はグラスゴーの地下鉄と同じくらいですよ」というと、さすがに多くの人が目を丸くして「ニホンすげーっ」と素直に驚嘆してくれます（欧州にも高速鉄道はありますが、運行頻度は日本ほどではない）。しかし、日本の華々しい鉄道も地方に行くとだいぶ状況が変わり、年々廃線や運行本数減少の憂き目に遭い、最近ではバス路線すらも廃線・減便と似たような傾向を辿っています。

百歩譲って、日本がとても貧しい発展途上国で、昔から鉄道網も何もなく、車で移動するしか方法がないとしたら仕方ないですが、昔あったのに今はないというのは大問題で、端的にいうと政策の失敗です。単に目先のコストのみを考えた株式会社的「経営効率」だけを重視し、隠れたコストを考えない（あるいは意図的に隠す）と、個人が自動車を所有してガソリン代ももってもらったほうが見かけ上安く、鉄道の敷設や保守のコストが相対的に高く見えてしまうことになります。

自動車の隠れたコストについて詳しく知りたい方は、日本を代表する経済学者・宇沢弘文先生の古典的名著『自動車の社会的費用』（岩波新書）[12]をぜひお読みください。今年（2024年）は、奇しくもこの本の刊行後50年の年であり、このような社会的警告がすでに50年前から発せられていたということに、そして50年間私たちは何をしていたのかと省みると、深くため息をつかざるを得ません。

同書では、モータリゼーション華やかなりし1974年の段階ですでに、以下のように述べています。

鉄道、路面電車などの公共的交通機関に対する投資は年々減少し、陳腐化してきた。そのため、公共的交通サーヴィスは年々その質が低下し、乗用車と比較して、快適さ、速さ、効率性という点全てについて競争できなくなり、公共的交通サーヴィスに対する需要は減少してきた。このことは逆に、公共的交通機関に対する投資を減少させる要因となり、そのサーヴィスはさらにいっそう低下するという悪循環を生みだしていった。そして、人々の自動車依存度をさらに高めて、都会と地方とを問わず、自動車を所有し、運転するということを前提としなければ快適な生活はもとより最低限の生活すらできないという状況が形成されてきた。このことによって実質的な所得分配に及ぼす悪影響は年々大きくなってきたといえよう。(中略)公共的交通サーヴィスの質が低下し、人々が代りに自動車を所有しなければならなくなるときには、実質的生活水準の分布は名目的所得分配の不平等性をいっそう拡大化したかたちになるからである。[12]

「自動車がないと生活できない」「ガソリン代が高くなると生活の足に支障がある」という考えが出てくるとしたら、そもそもそれは公共交通政策の失敗によるものだということを、日本全体で認識しなければならないでしょう(公共交通政策の失敗は、私が今住んでいる英国でも共通します)。

単に今生活がしんどいから電気代やガソリン代を安くしてほしい、高いのはけしからん!と唱えても、それは百歩譲っても一時しのぎにしかなりません。そして実際に、ポピュリズム政権ほど支持率を維持するために、そのような声を「民意」だとして、目先の要求に応じがちです。しかし、長期的な目で見ると、問題の本質がますます隠蔽され、ゆっくりと船が沈んでいくだけの結果になりかねません。

エネルギー問題を考える際は、株式会社的な目先のコストだけの発想ではなく、隠れたコストがないかを注意深くチェックして、より広い長期的な視点を持つ必要があります。また、隠れたコストや外部不経済に一切言及せず、それらを軽視したり論点をズラそうとしたりする「わかりやすい」主張にも要注意です。

2・3 あるべき市場とは？——石炭は銃や麻薬やセックス産業と同じ

さて、先ほど「市場のあるべき姿」という表現を使いましたが、市場というと、「市場主義」は世間的には「弱肉強食」「なんでもあり」「格差拡大」などが連想されがちです。しかし経済学的には、それらは本来の市場のあるべき姿ではなく、実は逆に、**市場の失敗**による場合が多いのです。市場の失敗は、れっきとした経済学用語です。古典経済学では市場プレーヤーは合理的に行動することを前提としています。ズルをしたり隠したりすることは、結果的に社会全体の厚生損失を発生させ、最適な資源配分がなされないため、実は合理的行動ではないのです。

もちろん、全ての人間が合理的に行動するということは現実的には考えられないので、何らかの形でズルをしたり隠したり、あるいは善意で行動したとしてもうまくいかなかったりすることはあります。そのような形で市場において不適切に行動する人たちがいると、市場はしばしば失敗します。その場合、どうすればよいでしょうか？

このフェイルセーフ的なしくみは、実は世界中の多くの国で、もちろん日本でもすでに存在します。例えば独占禁止法（独禁法）、公正取引委員会（公取）といった法律や政府の規制機関の名前は新聞でもしばしば登場します。市場で不正行為をしたプレーヤーには、しばしば数十億円にも上る厳しい罰金が課される場合もあります。電力事業者やエネルギー事業者もしばしば公正取引委員会に勧告されたり罰金を受けたりしています。

しかし、このような法律や規制機関も万能ではなく、特にエネルギー・気候変動に関するルールは日本ではまだまだ発展途上のため、隠れたコストや市場の不透明な行動を取り締まったり是正したりするルールや法律も未整備で、いわばズルをし放題、隠し放題、罰則も（あまり）なし、という状態です。それが今の日本の姿なのです。

外部不経済という観点からは、国際的には**「石炭は銃や麻薬やセックス産業と同じ」**と見られています。

なぜ、このようにみなされているのでしょうか？　それは石炭に大きな外部不経済があり、市場を歪ませ、社会を不健全なものにし、人類に大きな損害を与えるからです。「石炭のおかげで人類は豊かになった！　今停電しなくて済む！」という声もありますが、その部分には素直に感謝をしつつも、その感謝が大きく帳消しになるほどのマイナスのコスト、つまり隠れたコストがあります。

このような隠れたコストの試算は、日本で国や政府が乗り気でないためかなかなか研究が進んでいませんが（それ自体が日本の問題です）、欧州や北米では１９９０年代ごろから政府や産業界を中心に分析が進んでいます。例えば米国における石炭火力の外部コストは、日本円に換算して25円／ｋＷｈにも上るという論文[13]もあります。その内訳は主に、気候変動による自然災害被害額と煤煙による健康被害・自然破壊の被害額です。米国における石炭火力の発電コストは10円／ｋＷｈ程度だとすると、電力の安定供給に感謝をする分は10円／ｋＷｈとして消費者がすでに支払っており、隠された25円／ｋＷｈ分は、まさに汚染物質をこっそり川に垂れ流すのと同じ行為で、市場を歪めて未来にツケを回していることになります。これではやはり感謝どころか「金返せ！」と怒りだすのが当然です。世界中の若者が怒って気候変動のデモ行進をしているのは、このような学術的・理論的裏付けがあり、正当な怒りなのです。

一方、これを日本で講演すると、なかには（特に産業界の人ほど）怒りだしてしまう人もいます。しかしこれは特段私個人の意見ではなく、世界中の多くの書籍や報告書で書かれていることなのです[14]-[16]。しかも、単なる研究者の意見とか、あるいは環境団体の先鋭的な意見というわけでもありません。とりわけ、投資家たちからこのような報告書が出ているという点に注目する必要があります。

世界では**ダイベストメント**という言葉も流行っていますが、これはインベストメント（投資）の反対語であり、投資引き揚げ、投資撤退とも訳されます。今は世界的に石炭に対するダイベストメントが盛んです。なぜなら「石炭は銃や麻薬やセックス産業と同じ」だからです（もちろん、銃や麻薬やセックス産業に投資をしたいという投資家もいますが）。「石炭は銃や麻薬やセックス産業と同じ」と言われて怒りだしてしまう日本の（特に産業界の）人たちは、この隠れたコストをこれからもずっと隠し続けたいと思っており、それをあからさまに指摘されて、怒りだしてしまうのかもしれません。

なかには「そこで働いている人を侮辱している！」というご意見もあります。自分たちがよかれと思って頑張ってきた技術が実は多くの人を苦しめていた……と気がついたら、取るべき行動は、それを徐々に少なくしていくこと、あるいは他のよりよい技術を模索することでしょう。しかもそれをそこで働いている個々の人のせいにするのではなく（多くの人は家族を養うためとか生活のためにしています）、社会全体で他の産業に転職できるよう受け皿を用意したり職業訓練の機会を設けなければなりません（公正な移行）。昨今は日本でも「リスキリング（再開発・再教育）」という言葉が流行っていますが、気候変動対策は実は産業転換・雇用移転政策とも密接に結びつき、それは企業や政府の責任なのです。

石炭産業で働いている人が気候変動に関してどう思っているかについては、リー・マッキンタイアの『エビデンスを嫌う人たち』[17]のなかでドキュメンタリー風に詳細に述べられています（同書は第3章でも再び登場します）。この本では炭鉱労働者の声を集めていますが、日本は米国やドイツと違って1970年代に早々に国内の炭鉱を閉鎖し、当時は労働争議などの困難もありましたが、炭鉱労働者の雇用移転はすでに完了しています。その点からは日本は本来、先進国のなかで最も脱石炭を達成しやすい状況にある国なのですが、なぜそれが実現できないのか、なぜそれをしようとすらしないのかは、世界の研究者や国のトップリーダーたちが首をひねるナゾだといえるでしょう。

実際、かつて化石燃料や原子力の分野で働いていたけれど、今は再エネの分野に転身して地球のために働いてます！と生き生きと仕事をしている人たちを私自身は何人も知っています。なかには、罪滅ぼしで今この仕事（再エネ）を頑張っています、という人もいます。そもそも再エネ産業は若い産業なので、昔からずっと再エネの仕事をやっていたという人はむしろ少なく、多くの人が従来産業からの転身組です。そのほうが実際、「綺麗に儲ける」ことができるし、やりがいがあると感じている人は多いでしょう。綺麗に儲けるとは、隠れたコストがより少ないものを生産・取引して適正な利潤を得る、ということを意味します。

さて、投資家は慈善家ではありませんので、儲からないものにはお金を貸しません。冷静・冷徹な思考でここに投資をすれば儲けられる、と考えています。そのような人たちがこぞって「石炭に投資をしたら貸した金が返ってこない」と考えているのです。それは気候変動によって災害が増加し、保険金の支払いが焦付き、消費者の購買力を減らし……という長期の損失のことを考えると、冷静な損得勘定では損をするリスクが極めて高いことが科学的に明らかになってきたからです。大金持ちの投資家ほど長期の投資を考えるため、目先の金儲けよりも長期的視野を持つ傾向にあるのかもしれません。また、年金機構など公共的役割を持つ団体も、ズルをして金儲けをすることは許されず、やはり綺麗に儲けることに着目します。それ故、「石炭や銃や麻薬やセックス産業には投資をしない」となるのです。

このように、隠れたコストあるいは外部不経済によって大きく歪んだ市場を是正することを、経済学用語では**内部化**といいます。市場の「外部」に弾き出して「なかったこと」にせず、隠れたコストをきちんと暴き出し、その分を市場「内部」に適切に反映することを意味します。具体的には、政府が市場に対して販売量・消費量や価格を規制することなどが挙げられます。この内部化によって、AさんとBさんがハッピーでもCさんがアンハッピーな状態が改善され、Cさんにもメリットがもたらされることになります。

あるいは、AさんやBさんがハッピーなのも単なる見かけ上の話であり、実はAさんもBさん自身も知らず知らずのうちに損失を被っているかもしれません。例えばジャンクフードや炭酸飲料ばかり毎日摂取していたら、それが好きな人は毎日ハッピーかもしれませんが、知らず知らずのうちに健康を蝕まれるのと同じです。米国では2000年代から小中学校でジャンクフードや炭酸飲料の販売が禁止されていますが[18]、これも企業（市場）任せにせず、子どもたちの健康のために政府が市場に介入（規制）した結果です。化石燃料のおかげで経済が繁栄してハッピー！と思っていても、実は年々多発する自然災害で（しかもそれは人為的な影響が否定できず、もはや人災ともいえます）私たち自身がじわじわと損害を被っています。市場任せにせず、何らかの規制が必要な時が来ています。

一般に、資本主義に対して社会主義、あるいは市場経済に対して計画経済、という二項対立の構図が広く認識されていますが、経済学的には「厳密な意味で純粋の市場経済というものは存在しない」[19]といわれ、資本主義を標榜する国でも何らかの形で政府が市場に対して一定の介入を行ないます。このような中間的な形態は**混合経済**と呼ばれます。

市場への介入というと政府の胸三寸のようなイメージもありますが、それはむしろ法治国家ではあるまじき行為であり、法令に基づいて種々の規制が定められ運用されています。また、規制というとがんじがらめのルールで厄介なものだという印象も日本では強いようですが、それは本来、市場においてズルをするプレーヤーを律するためのものなのです。例えば、経済学

の入門書でも、

経済政策の基本目的には、経済そのものに内在する構成的基本目的と**経済を外から規制する規制的基本目的**とが内在する。

経済はあくまで人間生活の一領域にすぎず、経済生活においても、人間生活において守られるべき社会倫理的諸価値に配慮することが求められる。

それゆえ、自由や正義といった社会倫理的諸価値に反する経済政策を策定することは許されず、この意味において、それらの諸価値は**経済を外から規制する基本目的**となってくるのである。[20]

ということがいわれており（太字は筆者）、そもそも「経済はあくまで人間生活の一領域にすぎず」ということが経済学の根底にはあります。経済一辺倒の金儲けの学問ではないのです。

先のジャンクフードや炭酸飲料の例を見るまでもなく、単なる金儲けだけを追求するのであれば、子どもたちの健康など知ったこっちゃない！と小中学校でもジャンクフードや炭酸飲料の自動販売機を設置して子どもたちにとって魅力的な宣伝文句でガンガンに売ることもできるでしょう（実際、米国ではかってそうでした）。しかし、医療団体や市民団体の地道な運動により政府も重い腰を上げ、規制に踏み切ります。このような形で、本来できるだけ市場に任せたいけど、ズルをしたり社会的損失を考えずに儲け主義に走ったりすることを防止するために、政府が市場に介入する場合もあります。資本主義・社会主義というと、とかく右か左かという価値判断や、場合によっては罵り合いになりやすいですが（特に日本や米国では）、偏見や先入観なく冷静な視点で、混合経済や規制のあり方をあらためて考えると、あるべき市場の姿が見えてくるでしょう。

このように、既存のエネルギー源（特に化石燃料）によって大きく歪められ、「市場の失敗」が発生している現在の状況で、それが気候変動という形で実際の損害となって私たち人類を脅かしています。そのため、それをなんとか是正したい、という考え方が気候変動対策であり、再エネなのです。決して一過性のブームや政治的駆け引きではなく、実は経済学の基礎理論が根底にあり、それ故、この国際動向はゆるぎなく進んでいくことが予想されます。これは第1章でさまざまな国際機関の報告書を紹介しながら解説したとおりです。

日本ではしばしば「気候変動はフェイク」「政府機関、国際機関、NGO、メディアが不都合なデータを無視し、プロパガンダを繰り返し、利権を伸長した結果だ」[21]などという主張が喧伝され、それが一定の支持を集めています。しかし、これまで見てきたような経済学上の基礎理論である外部不経済という考え方を援用すると、このような主張は本来の科学的・理想論的あるべき方向性とは真逆だということがわかります。むしろ、現在の既存のエネルギー源（特に化石燃料）こそがズルをして隠して、未来にツケを回して市場を歪めている状態であり、それを是正するためにこそ気候変動対策が必要なのです。ズルをして隠しているのがバレ、それが是正されると困る人がいるとしたら、それはどういう人たちでしょうか……。

彼らの主張を注意深く聞くと、「外部不経済」「隠れたコスト」という言葉はほとんど全く語られないことに気づくでしょう。日本を覆う「ふんわり情報統制」は、このように、重要な理論や論点を隠蔽し、話題をズラすことによってしばしば発生します。隠れたコストや外部不経済についてあえて言及せず、経済学的に適切な（理想論に向かう）対策をすることを「利権だ」と称する主張こそ、巧妙に隠された利権が疑われます。

2・4 「便益」をご存じですか？

このように、市場においてズルをしたり合理的に行動しない人たちが出てきた場合、政府は一定のルールに基づいて市場に介入します。外部不経済の内部化です。これによって、社会全体が被っていた損失が緩和され、メリットがもたらされることになります。「メリットがもたらされる」というと、何かふんわりとしたイメージしかありませんが、これを貨幣価値に換算して定量化したものは**便益**もしくは**ベネフィット**と呼ばれます。便益のなかでもとりわけ社会全体にもたらされるものは、**社会的便益**ともいわれます。

この便益、私が大学の経済学部の講義で「便益という用語を知っていますか？」と聞くと、ほぼ１００％の学生がイエスと答えます。経済学部では１回生のミクロ経済学の講義で習うからです。一方、工学部の講義で同じ質問をすると、ほぼ１００％の学生がノーと答えます。当然ながら、講義で習っていないからです。工学部のなかでも、土木や建築が専門の学生なら知っていますと答える人も増えてきます。それは便益という用語が公共事業や公共建築の分野では普通に使われるからです。

これは単純に知ってるから偉い、知らないからダメという問題ではありません。ある分野で当たり前のように使われている用語・概念が他の分野では全く知られていない、という専門知の共有の不備という構造的問題こそが日本の問題です。また、それが社会全体でほとんど問題視されていないこと自体も問題です。

さて、便益の算定方法は厳密にはいろいろとありますが、例えば国際再生可能エネルギー機関（ＩＲＥＮＡ）では、**図2-2**に見るような脱炭素による便益の試算を行なっています。ここでは、グラフ縦軸のマイナス側にコストがあり、プラスが便益となっています。脱炭素を達成するためには35兆〜45兆ドル（約５２５０兆〜６７５０兆円）のコストがかかります。

日本だと、マイナス側のコストだけ見て「国民負担だ！」というような議論が起こりそうです。しかし、このコストをかけることによって、大気汚染や気候変動による被害を大幅に

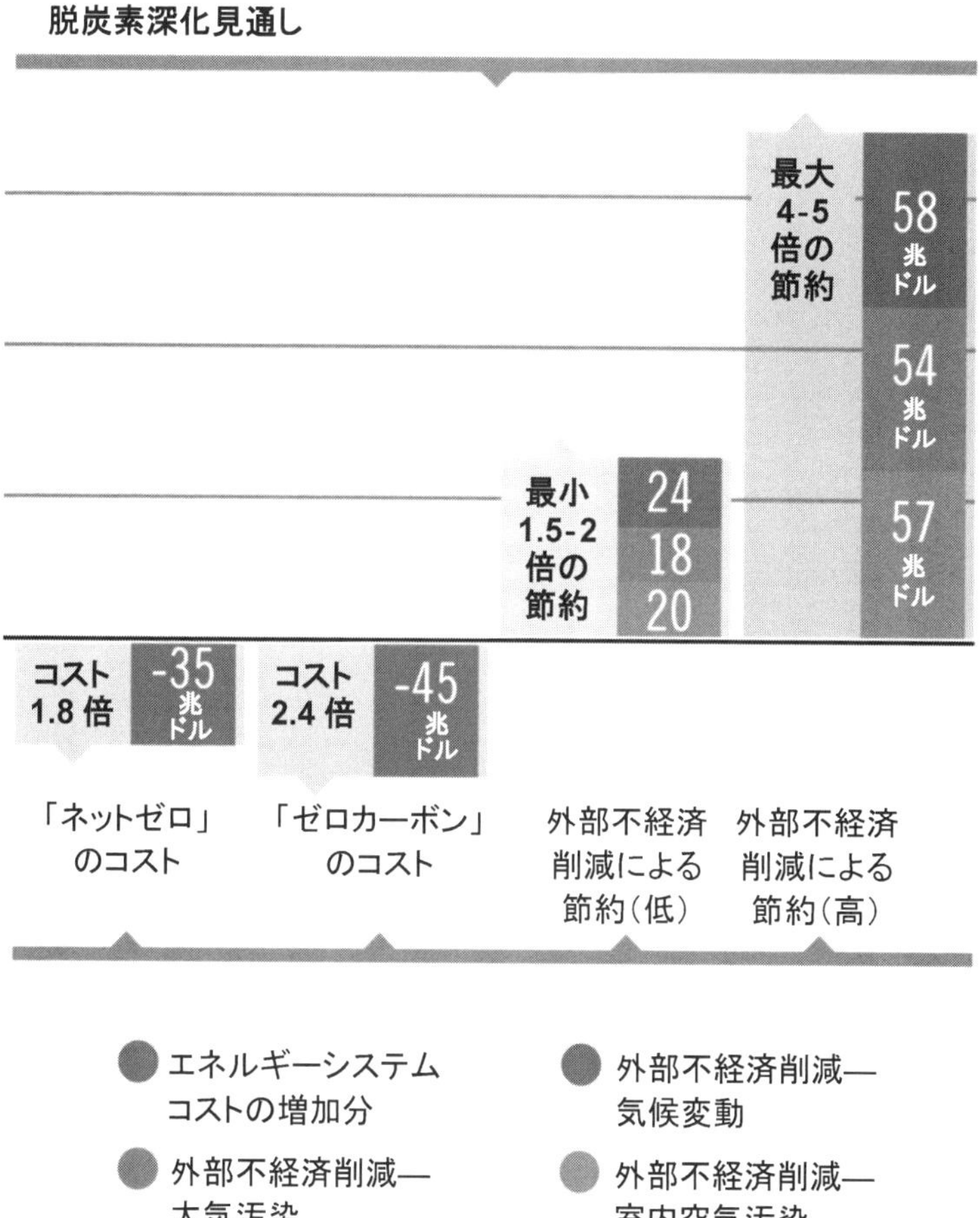

図 2–2　IRENAによる脱炭素の便益の試算（出典:文献 [22]）

緩和でき、その便益は低位推計でも1・5倍、高位推計だと5倍の約170兆ドル（約2京5500兆円）にも上ります。つまり、コストをかけないと、この分の損害が将来発生する可能性があることを意味します。これが国際的に議論されていることなのです。

これは、例えば株式会社が利益を得るためにコストをかけて投資をすることに似ています。ここで「コスト、コスト、コスト……」とそればかりを気にして、利益を得ることを全く考えないとしたら、会社は儲かりません。社会全体も似たような話で、社会全体の構成員（地域住民、国民、地球市民など）の便益を得るためには、適切なコストが必要なのです。厳密には、一企業や個人の利益は**私的便益**と呼ばれ、社会全体のメリットは**社会的便益**と呼ばれます。

ここまでの議論をわかりやすく図示したものが**図2-3**になります。図に見るとおり、単純に見かけ上の発電コストだけを比較すると、「従来型電源のほうが安い！　だから従来型電源のほうがいい！」「再エネはまだ高い！　だから再エネはダメだ！」となりがちですが、従来型電源には大きな隠れたコストがあることは、すでに見てきたとおりです。もちろん、再エネにも外部不経済はありますが、それは従来型電源に比べ非常に小さく（例えば風力は石炭の10分の1以下）、従来型電源の見かけ上の発電コストに補助金（脱炭素に逆行する、経済学的にも正当化されない不可解な補助金）や外部不経済を重ねると、再エネの発電コストをはるかに上回ります。したがって、再エネに若干の外部不経済があったとしても（もちろんそれを下げ

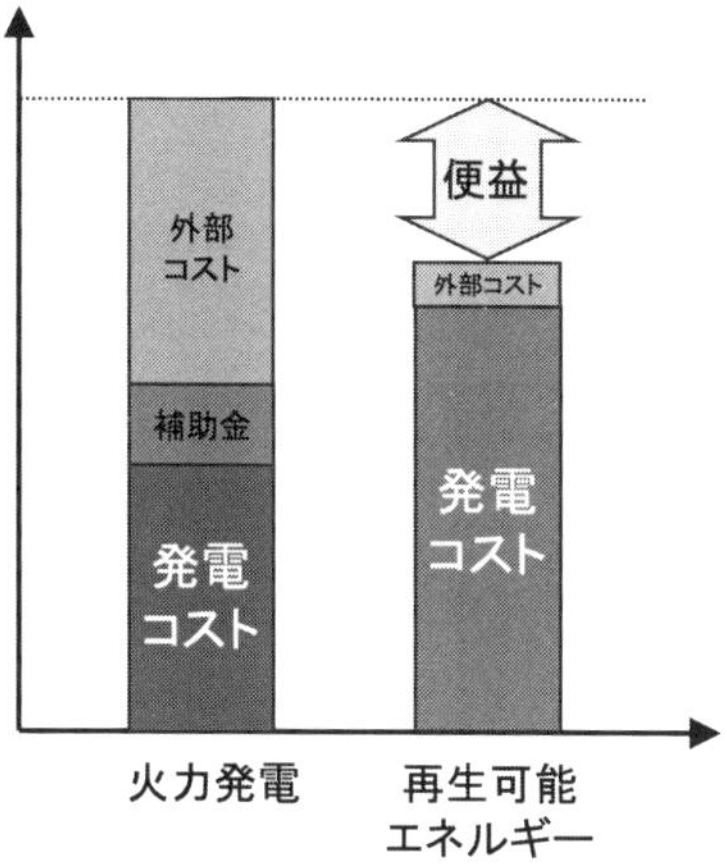

図２–３　従来型電源の隠れたコストと再エネの便益

る努力は必須ですが）、再エネを採用することで大きな社会的便益が発生するのです。これが経済学上の理論的な、そして国際社会で広く認識されている考え方です。

日本では、この「便益」という用語は経済学上の専門用語として取り扱われ、なかなか一般的な日常会話に上りません。英語圏では「ベネフィット」は一般名詞なので、フツーの人もフツーに使いますが、その概念が専門用語で限られた専門家しか使わないとしたら、一般の人が「脱炭素の便益」「再エネのベネフィット」を知る機会はなかなかありません。事実、私も新聞やテレビの取材を受けた際に「便益」という用語を使うと、「読者にわかりやすいように……」と言われ、修正されそうになります。

この「わかりやすいように」というのが曲者で、何かを犠牲にしてまでわかりやすさ至上主義で説明しようとすると、何か大事なことが抜け落ちたり、「わかりやすさ」のために事実を軽視したり捻じ曲げたりという論法が容易に発生します。「便益」という用語を積極的に使わないと、メリットとか恩恵とかふんわりとしたイメージしか伝えることができず、「再エネってホンマに儲かるの？」と懐疑的に考えている経営者や産業界の意思決定層を動かすことができません。このように、日本の「わかりやすく」という善意からも「ふんわり情報統制」は発生します。

かくして、脱炭素・再エネの便益が日本ではほとんど語られないまま、「コスト、コスト、コスト……」の大合唱で、これでは将来に必要な投資の機会も失われ、長期的にみれば損をしてしまいます。まさに「安物買いの銭失い」です。

さらに悪いことに、日本ではなぜか「**国民負担**」という表現が大流行りで、これが脱炭素や再エネの文脈でもしばしば登場します。私が調べた限りでは、英語圏では脱炭素や再エネの文脈で「負担（バードン）」が使われることはほとんどなく、検索しても日本の人が書いた英語資料ばかりが出てくる始末です。あるいは、ようやく見つけたと思ったら、極右政党のポピュリスト政治家が非科学的な文脈で声高に叫んでいるものだったりするくらいです。

世界ではこういう状況にあるということ自体、国民は知らされていない状態で、毎日毎日、テレビや新聞、日本語で流れるインターネット・SNS情報では脱炭素や再エネが「国民負担」「国民負担」の大合唱です。私たちはよほど意識して海外情報を取らないと、知らず知らずのうちに「ふんわり情報統制」の網に引っかかってしまうということを知っておいたほうがよいでしょう。

このように脱炭素・再エネに大きな便益があることが無視され、従来エネルギー源の大きな外部不経済が半ば意図的に隠蔽され、脱炭素・再エネの文脈で真っ先に語られることはコスト、コスト、コスト……、国民負担国民負担……ばかりなのが、悲しいかな「ふんわり情報統制」下の現在の日本の姿です。これでは、あたかも脱炭素や再エネを推進するのは国にとって罰ゲームみたいで、ズルをしてまでコストを下げて未来にツケを回すことが国全体で推奨されているかのようです。

本章のテーマは、再エネのコストについてです。再エネのコストというと、「再エネは技術的に未熟だから高い」「再エネは利権だから高い」「脱炭素は高くつく」などの主張が日本で多く流布していますが、それらの根本原因は、従来型エネルギー源の隠れたコスト（外部不経済）が巧妙に隠され、脱炭素・再エネの便益がほとんど語られないという日本の特殊な「ふんわり情報統制」に起因するのではないかと私は考えています。

もちろん、コストを下げる努力も重要ですが、「国民負担」の大合唱の下、異常なコストの下げ圧力が強まれば、それは結果的に健全な競争やイノベーションによるコスト低減を阻害し、ズルをして隠してまで見かけ上のコストを下げたいという動機を強く誘引します。

コストの前に、まずその背景にあるミクロ経済学上の基礎理論である外部不経済のことを知らないと、ズルをして隠して未来にツケを回すことを奨励したり、たとえ善意でも結果的にそれに加担することになってしまいかねません。便益を語らずにコストのみを語るのは、まさに「今だけカネだけ自分だけ」を地でいく考え方であり、長期的視点を欠いた視野狭窄に他なりません。コスト、コスト、コスト……の前に、**まずは脱炭素・再エネの便益を語りましょう**、というのが本節の結論です。

2・5　再エネはコストが高い？——再エネの5つの神話を解体する①

さて、本章ではここまでの節で、従来型電源の外部不経済と脱炭素・再エネの便益について議論してきました。ここでようやくコストについての話ができます。

2・1節において、世界では再エネの発電コストは十分に安くなってきた、と紹介しましたが、日本ではまだまだその流れに乗りきれず、再エネの発電コストは依然として世界水準より高いことは事実です。しかし、その点だけを見てやっぱり「再エネはコストが高い」と結論づけるのは性急でチェリーピッキングになりかねません。より広い視野で情報を集め、特に「何と比べて」高いのかを明らかにし、分析的に読む必要があります。

まず、IRENAの報告書［1］を再び引用すると、例えば2023年における太陽光発電の発電コストは世界平均で０・０４４ドル／ｋＷｈ（約６・７円／ｋＷｈ）となっている一方、日本は０・１１０／ｋＷｈ（約16・８円／ｋＷｈ）となり、世界平均の約２・５倍の値になります。また、陸上風力発電に関しては、世界平均が０・０３３ドル／ｋＷｈ（約５・５円／ｋＷｈ）に対し、日本は０・１２５ドル／ｋＷｈ（約19・１円／ｋＷｈ）であり、３・８倍も違います。これだけ見ると**「日本の再エネは（世界平均に比べ）コストが高い」となるのも間違いではありません。**

一方、２０１０〜２０２３年の13年間の日本の発電コストの下落率は太陽光が77％と陸上風力が32％となっており、世界平均（太陽光90％、陸上風力63％）から比べるとそれほど大きな下落率ではないものの、**「（過去と比べると）日本の再エネもコストが安くなってきている」**ということができます。

また、再エネが高いかどうかを考えるには、再エネだけを見ればよいわけではなく、他の電源との比較も必要です。例えば、化石燃料の発電コストも２０２１年ごろから世界的に徐々に上昇し始め、２０２２年以降世界的な高騰に見舞われています。そのため、前述のＩＲＥＮＡの報告書によると、２０２２〜２０２３年には調査した20カ国の全てで化石燃料よりも太陽光・風力のほうが平均発電コストが安くなったことが観測されました。これは世界平均よりも高いといわれる日本の太陽光・風力も例外でなく、「（２０２２年以降は）**日本の再エネは（化**

石燃料より）安い」ことを示します。

さらに、日本の再エネは他国に比べて高いのは事実ですが、実はそれは再エネに限った話ではありません。同じＩＲＥＮＡの報告書では火力発電の発電コストの国際比較も行なっていますが、２０１０～２０２０年の天然ガスの平均燃料価格は米国が14・7ドル／ＭＷｈ、英国が27・1ドル／ＭＷｈなのに対し、日本は45・2ドル／ＭＷｈとなり、日本の天然ガスの燃料価格は米国に比べ3・0倍、英国に比べ1・7倍高い状態でした。石炭も同様で、２０１０～２０２０年の平均価格は日本が16・2ドル／ＭＷｈに対して米国が8・5ドル／ＭＷｈとなり、1・9倍です。実は再エネだけでなく、**「日本の化石燃料も（世界に比べ）コストが高い」**のです。

仮に「日本の再エネは他国より高いので日本には再エネは要らない！」という理論が成り立つとしたら、同じ理論で「日本の化石燃料は他国より高いので日本には化石燃料は要らない！」と主張しなければ整合性がつかず、単なる好き嫌いの結論ありきのダブルスタンダード（二重基準）にすぎません。

さらに別の資料も見てみましょう。例えば一般財団法人建設物価調査会の調査によると、２０１５年を１００とすると、２０２２年の工場の建築費指数は１３１・１となり、1・3倍も上昇しています[23]。この建設コストの上昇の理由には、福島復興とそれに続く東京オリンピックなどのイベントのために人材・資材が不足したことが考えられるでしょう。

為替レートも2010年には1ドル約90円だった相場が、本書執筆時点（2024年11月）には約150円となり、約1・7倍もレートが上昇しています。このように、日本の土木・建築関係のほぼ全てのコストが過去数年で上昇するなか、**「日本の再エネは（為替レートや建築費一般が上昇するなかでも）安くなっている」**ということもできます。

というわけで、本節の結論です。**最初に立てた「再エネはコストが高い？」という疑問に対して、「さまざまな見方がある」というのが最も誠実な答えとなります。**ここまでをまとめると、

日本の再エネは（世界平均に比べ）コストが高い
（過去と比べると）日本の再エネもコストが安くなってきている
（2022年以降は）日本の再エネは（化石燃料より）安い
日本の化石燃料も（世界に比べ）コストが高い
日本の再エネは（為替レートや建築費一般が上昇するなかでも）安くなっている

となります。まさに、さまざまな見方がありますね。

もしかしたら「再エネはやっぱり高い！　ダメだ！」あるいは「再エネは実は安い！　素晴らしい！」という単純明快な答えを期待した方にとってはたいそうがっかりで、答えをはぐら

かされたかのような気分になるかもしれません。しかし、このように白黒はっきりさせた明確な答えを期待するということ自体が、冷静な情報分析の目を曇らせ、フェイクニュースに引っかかりやすくなり、「ふんわり情報統制」に知らず知らずのうちに加担してしまうリスクとなります。

「高い／安い」などの分類を設定すること自体は悪いことではありませんが、科学的に考えるのであれば、対象の明確化（何と何を比べるのか）や限定用法（何々という条件ではなど）を用いるのが一般的です。そのような限定条件を用いずに主語を大きくすると、現実を見渡す目が曇りやすくなり、チェリーピッキングによる「勇ましい断定調」になりやすくなります。

また、「高い／安い」といった二元論的分類は、便利な半面、容易に価値判断に結びつきやすい、というリスクもあります。特に情報収集のトレーニングができていない人ほど、情報収集する前から価値判断をすでに行なってしまっていることも多いです。そのような行為は一般に、偏見とか先入観と呼ばれます。白黒はっきりつけたがる思考方法を取ると、自分にとって都合がよい答えが出た瞬間に満足してそこで思考停止してしまい、それ故に裏を取らず、一方的な視点の勇ましい論調やフェイクニュースに引っかかりやすくなります。

日本の再エネは世界平均に比べ高いのは事実です。しかしながら、一面だけを見て「再エネは高い！」→「だからダメだ」のように性急にネガティブな価値判断や意思決定をするとしたら、それは視野狭窄にすぎないということは、本節のように多角的な情報を収集すると容易におわかりいただけると思います。

情報を多角的に収集すると、ある比較では高いかもしれないし、別の視点では安くなることもあります。単に「高い／安い」の安易な二元論的判断ではなく、そしてそこから性急に「よい／悪い」の価値判断を下すのではなく、常に「別の観点はないか？」「仮に高いとしたら何が原因か」「どうすればよりよく改善できるのか」という自問自答を繰り返すことが、「ふんわり情報統制」が起こりやすいなかでの情報収集の仕方となるでしょう。日本の再エネのコストが高止まりする要因やその改善策に関しては、本書では紙幅の関係もあり細かく深掘りできませんが、この点に興味がある方は文献[24]〜[26]などをお読みください。

なにより、2・1〜2・4節で議論したとおり、単に表面的なコストだけを見て高いか低いかを議論するのではなく、**隠れたコスト（外部不経済）や便益の議論こそが大事です**。この考え方が欠落していると、大局的・多角的・長期的視点を失った「**今だけカネだけ自分だけ**」でしかなくなってしまいます。これこそが、本章全体の最も重要なメッセージです。

第3章
エネルギー基本計画はこのままでよいのか？

本書執筆時点（2024年11月）で、日本でも将来のエネルギー政策の方向性を決める『エネルギー基本計画』の策定に向けた議論が審議会などで進んでおり、私も地球の裏側から議論の推移を注意深く見守っています。本章では、エネルギー基本計画の個別の議論の内容や結果ではなく、政策決定の方法論について焦点を当て、論じていきます。すなわち、政策決定のあるべき姿を提示し、日本での現在の議論がそれといかに乖離しているかを見ていきます。

本章全体に通奏低音のように奏でられるのが**EBPM（根拠に基づく政策決定）**という用語です。もともと、EBM（根拠に基づく医療）という考え方から政策の分野に発展したものですが、簡単にいうと、データ分析と科学的予測など、人類の叡智である科学をできるだけ援用して、多くの人々の納得と同意により、合理的に科学的根拠により決定しましょう、という当たり前といえば当たり前の考え方です。

日本では「政策」というと「政治」と渾然一体となって混同され、「政治」というと、なにやらアンダーテーブルや鶴の一声や政党・派閥の駆け引きばかりだと思っている（あるいは思い込まされている）人も多いようです。また、政治のことを議論しようとすると、たちどころに冷笑・嘲笑・虚無主義的な見解に出くわし、それ故に政治から距離を置いたり無関心を決め込んだりする人も少なくないのではないでしょうか。日本には理想論を唱えると冷笑・嘲笑される……という風潮があり、そのことは、地方選挙や国政選挙の投票率の低さにも反映されています。

さて、方法論としてのＥＢＰＭを論じる前に、そもそも「科学とは何か？」という根源的問いまで遡る必要があります。なぜならば、「科学」に対して適切な共通の理解がないと（あるいは大きな誤解を抱えたままだと）「科学的根拠」自体が大きく歪められ、誰かに都合のよいように利用され、結局、ＥＢＰＭという旗を振りかざしながら「なんちゃってＥＢＰＭ」にしかならないからです。

3・1　そもそも科学とは？　科学的方法論とは？

日本では、「科学」というと、多くの人が「科学技術」を連想し、さらには「技術」のほうを重視しがちです。技術だけで政策を決めたら、人の心はないのか？という意見も出てくることでしょう。しかし、科学には、自然科学だけでなく社会科学や人文科学もあります。経済学や政策学、さらには心理学や社会学なども当然ながら科学の一分野です。そしてそこでは、方法論として「科学的手法」が用いられています。

余談ですが、「科学技術」という日本の人が大好きな言葉は、英語ではScience & Technologyであり、英語圏、さらには近代科学を発達させてきた西洋思想の文脈においては、「科学」と「技術」は「&」で並列され、よそよそしく別物として取り扱われています。日本では、すっかり技術＝科学と思い込んで、人文社会科学が科学の仲間であることを忘れている人も多いかもしれません。しかし実は、科学の本家である西洋思想では、技術のほうこそ仲良くしつつも実は科学の仲間に入れてもらっていないのです（もちろん、技術の多くが科学的手法を用いて発達してきましたが）。むしろ人文社会科学のほうが、言葉の上でも方法論としても、明示的に科学の仲間なのです。この点を再認識することは、「科学的」政策決定がどうあるべきかを考えるよい出発点になります。

ひところ日本での放射能の影響を議論する文脈などで、「〜は科学的に決着がついている！」という表現が特にSNSで多く散見されましたが、実はこのような表現こそ科学的ではありません。科学はその思想体系そのもののなかに**不確実性（不確かさ）**があらかじめ内包され、その不確実性があるなかでいかに法則性や蓋然性を見いだすか、という方法論が本来の科学だからです。

「科学」とは何かを国語辞書で引くと、例えば、

①学問的知識。学。個別の専門分野から成る学問の総称。「分科の学」ないしは「百科の学術」に由来する。

②自然や社会など世界の特定領域に関する法則的認識を目指す**合理的知識の体系または探究の営み**。実験や観察に基づく経験的実証性と論理的推論に基づく**体系的整合性**をその特徴とする。（後略）〔1〕

となります（太字は筆者）。科学は単に「知識」を指す場合だけでなく、「体系」または「営み」という意味が出てくることがわかります。英英辞典を引いても、例えば、

the intellectual and practical activity encompassing the systematic study of the structure and behaviour of the physical and natural world through observation and experiment.

観察と実験を通じて、物理的・自然的世界の構造と行動を**体系的に研究する知的・実践的**

活動。〔2〕（筆者仮訳。太字も）

となり、やはり「活動」という行為を表します。しかも、「体系的に」という修飾語がついている点も重要です。

このように、多くの辞書によると、「科学」は単なる知識の寄せ集めではない、「営み」や「活動」といった、知識を組み立てる方法論であることがわかります。特に「探求の営み」というのはよい表現で、科学にゴールはなく、永遠に続く無限遠点としての真理への道であり、安易にゴールに到達できる（真実が得られる）と思うなかれ！という教訓も包含されています。

しかしながら、せっかくどの辞書にもそう書いてあるにもかかわらず、「科学」に対する理解は日本全体で大きく誤解されているようで、科学を単に知識の寄せ集めにすぎないものと漠然と考えていたり、前述のような「～は科学的に決着がついている！」と自身にとって都合のいい結論を強弁するために「科学」という語を利用したりする姿勢もよく見かけます。そもそも「科学を利用する」という姿勢自体が、先に挙げた本来の辞書的意味からみると不適切です。

このような安易な表現を多用する考え方の背景には、科学に対する根本的な大誤解、すなわち**科学万能視**が潜んでいます。特に技術＝科学だと思い込み（思い込まされ）、科学を単に自身にとって都合のいい知識の寄せ集めとしか見ず、「探求の営み」であることを忘れると、このような大誤解に陥りやすくなります。

この科学万能視については、日本を代表する哲学者である中村雄二郎氏がすでに25年前に刊行された『岩波講座　科学／技術と人間1』のなかでいみじくもこう述べています（太字は筆者）。

> 一八世紀に至って自然科学の効用が明らかになると、〈進歩の観念〉と結びつくようになり、自然科学は、人間の営みの中でもただ一つ「時代とともに確実に進歩する」ものと見なされるようになった。さらにそのことによって、人間の知のなかで特権的な位置を占めるようになる。そして、**未来においてはすべてが可能であるというふうに単純化されていき、自然科学はその意味でしばしば万能視されるようになった**のである。[3]

また、科学論・科学技術社会論の研究者である藤垣裕子氏は科学の**書き換え可能性**とその忘却について以下のように述べています（太字は筆者）。

> 科学的な知識は常に「現在進行形」で知識形成がすすめられているのである。（中略）我々は、科学史で「十九世紀においては○○が真実と考えられていたが、現在では××が真実であると考えられている」という種類の記述を見ても驚きはしない。つまり、科学的知識が書き換えられる性質をもつことを、どこかで理解しているのである。ところが、これが科学と社会との接点で起きる問題となると、**ひとびとは科学の「書き換えられる」という性質を忘れて、科学に対する要求水準を上げる。科学は常に正しいことを言っている**

はずである、という批判をするのである。

原因物質（注：前段に水俣病の例）がころころと変わることが報道されると、何故か**ひとびとは科学に対する「信頼を失う」という傾向を持つ**。これは何故だろう。上のように、科学史において真実が書き換えられる事実を知り、科学がそのような性質をもつということを「知って」いながら、同時に、「科学は堅実で不動のもの」という科学へのイメージが強くあるためではないだろうか。[4]

この科学の書き換え可能性は、カール・ポパーの科学の基本条件（科学と反科学を分類する基準）である**反証可能性**[5]にも通ずるものがあります。反証可能性とは、提案されている命題や仮説が、実験や観察によって反証される可能性があることを意味します。科学は、自らを反証する余地を残す思想体系であり、「俺は絶対正しいんだ！　異論は認めない！」といった瞬間、それは科学ではなく反科学となります。

もしかしたら多くの人は、技術の発展や進歩に伴い科学を万能視するあまり、**科学はなんでも解決してくれて、ボタンを押したら答えが出てくる便利な自動販売機のように考えているの**かもしれません。そしてその万能視の裏返しで、ボタンを押しても答えが出てこない場合（あるいは自分の望む答えが出てこない場合）は、容易に科学不信に陥ってしまうのではないでしょうか。極端な考えは、振り子のようにもう一方の極端な考えに容易にスイッチしやすくなります。

例えば、第2章でも紹介したリー・マッキンタイアの『エビデンスを嫌う人たち』[6]では、科学否定論者の類型として、以下の5項目を挙げています。

1. 証拠のチェリーピッキング
2. 陰謀論への傾倒
3. 偽物の専門家への依存
4. 非論理的な推論
5. 科学への現実離れした期待

このなかで、5番目の「科学への現実離れした期待」は、まさに科学が本来内包する不確実性を無視した結果の科学万能視・神聖視と同じことを意味しており、その極端性ゆえに科学否定論の双子の兄弟になりやすいのです。また、同書でも「科学否定論者の五つの類型は互いに補完し合う関係にあり、そのうち一つだけを使って、それでおしまいにすることはない」と指摘されています。本書でもたびたび反面教師として登場するチェリーピッキングなど、さまざまな非論理性や論理飛躍は大抵、科学万能視・神聖視（そして科学否定論）とセットで登場します。なお同書では、まさに気候変動に関する科学否定論的言説について、この5項目の分類を用いて例証しています。

大前提として、実は**科学には、わからないことが多いのです**。このことをストレートにいうと、多くの人をたいそうがっかりさせ、やはり万能視の裏返しで、科学不信に陥ったり科学を冷笑・嘲笑する人も出てくるかもしれません。しかし「わからないこと」とは、なにもノーベル賞クラスの研究をしないとわからない、というレベルではなく、単純にデータや情報が一部でも欠落していたり、十分蓄積していない状態では比較的いつでもどこでも「わからない」ことが発生します。気候変動や放射能の人体への影響などはまさにその状態です。

科学はしばしば宗教という別の思想体系とも比較されることが多いですが、世界中の多くの宗教と決定的に違う点は、科学はそもそも不確実性を内包している、という点です。科学は、素直に「ごめん、わからへんわ」「ごめん、間違ってたわ」ということを許容する思想体系なのです。そして、現在わからないことがあるということを認識しながらも、絶望したり諦めたりせず、少しでもよりわかる方向ににじり寄る……という「探求の営み」こそが科学なのです。諦めたら、そこで試合終了です。

自分を安心させるために何か絶対的なものにすがりたい……という人がうっかり科学にすがってしまった場合、この科学がもともと内包している不確実性を意図的に無視せざるを得ず、何かの理論や権威のある専門家の意見を絶対視・神聖視し始めることになります。そして、一瞬でもその不確実性を突きつけられた瞬間、一挙に科学不信に陥り、冷笑・嘲笑を始める……

という構図は特にＳＮＳでよく目にします。

この不確実性（不確かさ）については、例えば、日本産業規格（ＪＩＳ）では次のように説明しています。

> 不確かさとは、事象、その結果又はその起こりやすさに関する、情報、理解若しくは知識が、たとえ部分的にでも欠落している状態をいう。［7］

また、同じＪＩＳでは**リスク**について次のように短く定義しています。

> 目的に対する不確かさの影響。［7］

ここでいきなりＪＩＳが登場すると面食らう人もいるかもしれませんが、かつて「日本工業規格」と呼ばれていたＪＩＳは、「日本産業規格」と名称を変更し、単なる「ものづくり」の規格から現在では生産マネジメントや環境マネジメント、リスクマネジメントなどの「しくみづくり」の規格に発展しています。本節の前半で言及した、技術と社会科学の関係性にも似ています。

このような社会科学的「しくみづくり」の考え方も取り入れたＪＩＳが近年は多く発行され、多くの産業界で利用され、社会を支えています。このような規格はいったん決まったらそれは絶対的で神聖不可侵……ではなく、通常、数年ごとに書き換えられます。そしてＪＩＳの多くは、国際標準化機構（ＩＳＯ）や国際電気標準会議（ＩＥＣ）といった国際機関が発行する国際規格をそのまま翻訳したりそれをベースに日本版が発行されたりしていることが多いため、上記の「不確かさ」や「リスク」の考え方は、実に現時点での人類の国際合意事項であるといえるでしょう。

リスクマネジメントは、今や日本でもビジネスパーソンの流行り言葉の一つであり、大型書店ではリスクマネジメントに関する書籍がずらりと並びます。しかし、リスクマネジメントの根幹の概念である「不確かさ」は、多くの人に（科学技術に詳しい人でさえも！）都合よく忘れ去られてしまっているようです。本来、リスクマネジメントは、科学的方法論そのものであり、不確かさをどのように合理的に扱うかを追求する分野です。気候変動にしろ、放射性物質の影響にしろ、科学的議論をするということは、そもそもリスクマネジメントとほとんど同義なのです。

リスクマネジメントの分野では、占い師や魔術師のように「明日は絶対に雨が降る！」とは断言しません。得られた情報を基に（大抵、データが足りないことも多い）、「明日の降水確率は○%でしょう」などと、確率論や可能性表現を用いて将来を予測します。ここで、「降るのか降らないのか、白黒はっきりさせろ！」と文句をつける人は、現代ではほぼいないでしょう。それくらい、本来我々現代人はリスクマネジメントに基づく確率論的思考にはだいぶ慣れているのです（余談ですが、降水確率に言及したがるのは、私の個人的体験では日本と英国の人が多いと思います）。

しかしながら、本来科学的に確率論や可能性表現で考えなければならないはずの気候変動対策や放射性物質の管理の文脈で、「科学的に決着がついている」などという勇ましい断定調でものごとを単純明快に斬っていく言論が日本で多く見受けられます。結局のところこのような勇ましい断定調は、反証可能性を否定することになり、それ自体が科学的方法論から外れていることになります。

科学的方法論で適切な表現を用いるのであれば「〜は蓋然性が高いことが現時点で入手可能な知見から導き出された見解である」というくらいでしょうか。このようなもごもごとした長ったらしい文章は、メディアでも字数や放映時間の関係から敬遠される傾向にあり、それ故、科学的方法論を無視してまでも短く勇ましい断定調がメディアで繰り返し取り上げられてしまうのかもしれません。

また、科学は書き換え可能性や反証可能性があると知った瞬間、科学が絶対的なものではないと失望して科学軽視を始める人も少なくありません。世界中の多くの科学者の合意で蓋然性が高いとされているものに対して、十分な根拠提示もせず個人的思いつきの見解を優先させる勇ましい断定調が特にSNSで多く見られます。「温暖化はウソだ！」「IPCCは間違っている！」「利権だ！」という主張が日本でも後を絶たないですが、実はIPCC自体が断定調の表現を慎重に避けている、ということはほとんど知られていません。むしろ、リスクマネジメント的考え方に沿って確率論的可能性表現で報告書の表現が統一されているほどです。

そもそもＩＰＣＣは、独自の主張を行なっているわけではなく、ＩＰＣＣ自体が新しい発見をしたり新しい理論を唱えたりしているわけでもありません。ＩＰＣＣの報告書は、これまですでに公表された数多くの科学技術論文を精査したレビューペーパー（総説・解説論文）にすぎないのです。

数少ない例外が、**「人間の影響が大気、海洋及び陸域を温暖化させてきたことには疑う余地がない」**[8]というＩＰＣＣ第６次評価報告書にある有名な表現で、この文は日本でも多くのメディアに引用されました。しかし、このような断定調はＩＰＣＣでは例外中の例外であり、非常に長い議論を経て慎重にこの表現が選ばれたからこそ極めて重要である、ということを伝えてくれるメディアはほとんど見かけません。

それ故、このことを知らない人ほど、「ＩＰＣＣはウソをついている！」という勇ましい断定調で乏しいエビデンスで自論を展開するのでしょう。このような世界中の研究者・科学者の合意形成がとれた蓋然性の高い現時点での知見を、いとも簡単にエビデンスの乏しい（もしくは全くない）個人的意見で覆そうとＳＮＳなどで試みるのは、科学万能視から科学不信へと振れ幅の大きな振り子にほかなりません。

さて、「科学的」とは何か？について長く議論しましたが、あらためて簡単に復習すると、**「科学的」とは結果論ではなく方法論**についての言葉（概念）です。単なる寄せ集めの知識ではなく「探求の営み」です。世に溢れる「科学的」と自称する議論の多くでは、自身にとって都合がよかったり自分が気に入る結果を正当化するために躍起になるシーンが目立ちます（「はい、論破！」とか）。しかし、それは試合に勝つという結果論を重視するあまり、反則技も八百長も使ってよいという姿勢にほかなりません。ある試合にズルをしてたまたま勝てたとしても、次の試合にも勝ち続けられる保証は全くありません。それはまさに、あるべき市場に対する外部不経済のように、あるべき科学的方法論の道から外れた、人類にとって有害な行為にすぎないのです。それ故、一見地味でも着実な科学的方法論が必要となるわけです。

3.2　科学的政策決定とは？

さて、「科学的とは何か？」を再確認した上で、今度は「科学的政策決定とは？」について議論を深めていきましょう。ここでは特に、エネルギーや電力に関する政策決定・意思決定の手法を見ていきます。

第1章でも紹介したとおり、複数の国際機関が2050年の電源構成に占める再エネの比率が9割に達するという将来見通しの試算を公表しています。これらは各国間の政治的うにゃうにゃの駆け引きやアンダーテーブルで決められたものではなく、コンピュータ・シミュレーションによって「科学的に」弾き出されたものです。それらはどのように計算されたのでしょうか？

この問いに対する回答も、国際機関の報告書に見ることができます。幸い、全文日本語にも翻訳されています（私が翻訳に携わりました）。国際再生可能エネルギー機関（IRENA）が2017年に公表した『再生可能な未来のための計画』という報告書です（日本語版は2018年）[9]。ここでは、

意思決定者は、政策立案の情報源とするため、また適切な再生可能電源導入目標を定めるため、技術経済的評価への依存をますます強めている。そのため、さまざまな将来シナリオのモデル分析が電力セクターの重要な計画ツールとなっている。[9]

と書かれています。翻訳なのでやや硬い文章ですが、ここで登場する「技術経済的評価」がコンピュータ・シミュレーションにあたります。地球の将来のことをなんとなく「えいや！」と声の大きい人が決めるのではなく、科学的に定量的に決めましょう、という考えが国際的にはもはや主流です。

また、「計画ツール」は本報告書の分類によると、計算する時間幅（タイムスケール）によ

って以下のように4つに分類されています。

長期電源増設計画（20〜40年）

送電線の地理空間計画（5〜20年）

系統解析（数週間〜数年）

系統技術研究（短時間断面）

4つの計画ツール全てを一つのソフトウェアやパッケージで計算できるものはまだあまり開発されておらず、計算速度や計算容量の限界もあるので、一般には数十年先の長期間をシミュレーションする場合は粗い時間刻みや空間解像度、逆に細かい時間刻みや空間解像度を必要とするシミュレーションは、1日分から、長くて1年分の期間を計算することが多いです。

これらの電源計画や地理空間計画は、「計画」と名前がついていますが、社会主義の計画経済のように政府主導で「こうしなさい」と決められるわけではありません、将来の不確実性（3・1節参照）を考慮しながら、複数のシナリオを立てたり、費用と便益（2・4節参照）を比較したりしながら、社会全体の便益を最適化する計算が行なわれます。

しかし、かつての日本では、電源計画は社会主義的に決められていました。特に電源計画は、日本では、電源開発促進法（1952年制定、2003年廃止）に始まり、電源開発促進税法、電源開発促進対策特別会計法、発電用施設周辺地域整備法（1974年制定、いわゆる「電源三法」）や原子力発電施設等立地地域の振興に関する特別措置法（２００１年制定）など、立法や行政によって管理され、手厚く支援・保護されてきました。このことは、電力会社という民間会社が存在し、民間が主体となった電源投資計画ではあるものの、政府の強い主導ないし関与による計画経済的な意思決定が日本でなされてきたことを示しています。資本主義を標榜する日本において、実は電源構成は社会主義的に決められてきたということは、存外多くの人が知らされていないのかもしれません。

一方、２０１６年の電気事業法の法改正により、日本も**発送電分離**が行なわれ（施行は２０２０年4月）、発電部門と送配電部門が分離されました。これまで例外的に地域独占が許されていた電力会社も、特別扱いされる会社ではなく、普通の会社になりましょう、ということを意味します（ただし送配電部門を除く）。「地域独占」という言葉を今までよく耳にしたかと思いますが、考えてみるととても異様で重い言葉です。日本は資本主義社会で市場経済を標榜しているため、例えば「独占禁止法」のように独占は本来あるべき姿でないものだからです。電力という財は、今まで特殊な財であったため、かつての塩やタバコと同じように、特別扱いで例外的に独占が許可されていた、という点をあらためて認識する必要があります。

しかし、特に発電部門は、20世紀後半から風力や太陽光などの小型分散型電源が登場し、技術的にも経済的にもそれが実現可能となったため、この分野も独占という特別扱いの状態はやめ、他の財と同じように自由競争をしたほうがよいのではないか、という経済学的（科学的！）な理論が出てきました。このような考えに基づき世界では1980年代から先進国を中心に発送電分離が進みましたが、日本は残念ながら科学的な政策決定をあえて避けてきたのか、他の先進国に遅れに遅れること20年近く経ってようやく発送電分離が行なわれたのです（この2020年の発送電分離もまだ中途半端なのですが、紙幅の都合で深掘りできないので、興味がある方は「法的分離」「所有権分離」といった専門用語で検索してみてください）。

　このように、日本では地域独占というものはそもそも例外中の例外の特殊なものだとか、他国ではとっくの昔に科学的根拠に基づいて発送電分離を行なっていたのに日本ではぐずぐずと遅れに遅れた、という情報が長らく国民に知らされていないため、21世紀も20年が経過した今現在でも、電源構成は国主導で（社会主義的に）決めなければならないと多くの人が思い込まされているように思います。

　一方、政府ではなく、自由競争として市場になんでも任せればうまくいくというわけでもありません（2・3節参照）。特に市場でズルをする人が出てくると、市場が歪みます。電力・エネルギーの分野では、化石燃料による外部不経済（隠れたコスト）がその最たるものだということは2・2節ですでに述べたとおりです。したがって、現在国際的に学術研究レベルや国際機関レベルで行なわれている電源計画（見通し）シミュレーションには、この外部不経済を内部化する（歪んだ市場を是正する）前提条件も盛り込まれているのが一般的です。

例えば、化石燃料は見かけの発電コストだけでなく、炭素税や排出権取引などの**炭素価格**が上乗せされるなどです。炭素価格は将来予想される値を人間があらかじめインプットする場合もありますし（これを外生的といいます）、2050年にネットゼロにするという条件でそれを達成するために、ある年の炭素価格をコンピュータに自動的に解かせる場合もあります（これを内生的といいます）。このような最適化プログラムにより計算すると、2030年や50年までに再エネが何％になるなどの結果が算出されることになります。

このように、今や将来の電源計画は政府が計画経済的に決めるものではなく、市場経済的に（ズルをしたり隠したりするのを放置したまま）なりゆき任せにするのでもなく、特に気候変動・脱炭素の観点から外部不経済を内部化することも考慮しながら、不確実性（前節参照）も考慮した混合経済的（2・3節参照）な方法論でコンピュータ・シミュレーションが行なわれています。これが現在、21世紀の前半において世界で行なわれている議論です。

このようなコンピュータ・シミュレーションはエネルギー技術経済モデルとも呼ばれ、世界中で多くの研究者が（日本の研究者も）しのぎを削るように開発競争をしており、そのような最新のモデルを使った応用、すなわち政策への反映が行なわれています。第1章で紹介したIEAやIRENAの2050年の電源構成などのシミュレーション結果は、このようなモデルが用いられています。

もちろん、世界中のさまざまな研究者が同様の論文を発表しているので、その全てが同じ結論に達するわけではありません。最初にインプットする前提条件が異なれば当然結果も異なりますし、制約条件や限定条件があれば結果も違います。粗い計算解像度でも長期の試算が得意なモデルもあれば、細かい解像度で短期だけに特化したモデルもあり、それぞれ得意不得意で誤差（不確実性）もあります。このような不確実性に対応するために、これらの計算では、通常、複数のシナリオに基づくシナリオ分析や、変数（パラメータ）を少しずつ変えていって結果がどのように異なるかを調べる感度分析（感度解析）が行なわれるのが一般的です。決め打ちではなく、やはり不確実性を考慮しています。

学会や国際会議に参加すると、研究者同士は結果が異なっても口論になったり相手を非難し合ったりということは全くありません。なぜならば、前述のように、前提条件や制約条件、採用するモデルや解像度により、誤差（不確実性）が発生し、結果も異なるであろうことが相互に了解済みだからです。AさんがXという予想をし、BさんがYという予想をしたからといって、どちらかが「嘘をついている！」「私が真実だ！」という研究者はいません。なぜならば、そんなことをいった瞬間、それは科学ではないからです。研究者は結果論が異なってもわりと寛容です。

一方、方法論に論理的綻びがあったり、手順が不明瞭だったりなど、方法論がずさんな研究は、結果的に同じ結論で同じ意見だったとしても、学会ではかなりボコボコにツッコミを受けます。そこは容赦ありません。査読論文は通常2〜4人の査読者（レフェリー）が論文の質をチェックしますが、その際、査読者は自分の意見と違う！という基準で審査することはありません。しかし、たとえ結論が自分の意見と同じでも、それに至るまでの方法論（理論や前提条件）に疑義があれば徹底的にツッコミを入れますし、私も論文を投稿して30項目以上の質問リストをくらったことがあります。また、結論が自分の見解と異なっていても、方法論が素晴らしければそれを賞賛します。

ちょっと古い話ですが、私は中日ドラゴンズの立浪和義前監督が選手だったときの引退試合（対阪神戦最終試合）を甲子園球場に行って生で観たことがありますが、試合終了後は敵方であるはずの阪神ファンも総立ちで拍手喝采でした。スポーツにはそのようなフェアプレー精神が選手にもファンにもありますが、本来の科学的議論の場でも実はそれは同じなのです。

しかし、学会や国際会議での議論や査読論文の攻防戦は、野球やサッカーの試合のようにテレビで実況中継するわけではないので、一般の方々にはほとんど知られていません。一般の人々が科学に関することを議論する際に（特にSNSやユーチューブで）、ついつい方法論ではなく結果論を重視しがちですが、それは例えていうなら、町内会の草野球や草サッカーをする際に、ルール無視で反則技でもいいから、とにかく勝ちさえすれば（あるいは「はい、論破！」と一方的に自己宣言すれば）それでOK！というようなものなのです。

もう一つ、このようなエネルギー技術経済モデルの場合は、単なる学術界の学会発表という範疇にとどまらず、大抵の場合、**政策への反映・実施**（インプリメンテーション）も同時に議論されます。机上の空論ではなく、現実への応用も議論されているのです。もしかしたら理工系の学会よりも社会科学系の学会のほうが、むしろその傾向が強いかもしれません。実際、国際会議には研究者や産業界の実務者だけでなく、国際機関の職員や各国の政府職員も参加し、原稿を読み上げるのではなく自らの意見をバンバン言って、議論に参加する姿をよく見かけます。日本の政府職員もぜひ国際会議でそのように自分の言葉で議論に参加して日本のプレゼンスを高めていただきたいと思います。

根拠に基づく政策決定（ＥＢＰＭ）には、もう一つ大事な要素があります。それは、単なる技術的なモデル計算だけではなく、コスト（外部コストを含む）と便益をきちんと評価することです。前節で紹介した技術だけでなく社会科学も重要、「ものづくり」だけでなく「しくみづくり」も大事、という点がこのようなところにも見て取れます。しくみづくりは、単にしくみをつくっただけではなく、その効果や影響を定量的に評価する必要があるからです。

コストと便益の評価は、**費用便益分析（ＣＢＡ）**と呼ばれる手法が主流となっています。

2・4節において、工学部のなかでも土木や建築が専門の方なら知っていると答える人も多いというエピソードを伝えましたが、それは公共施設の分野では日本でもCBAの考え方がすでに浸透しているからです。

例えば道路や橋を造る計画を立てる際に、費用（コスト）については、鉄やコンクリート、重機や作業員の数量を積算することにより求められるのは、多くの方にとっても想像に難くないと思います。一方、便益は、道路や橋を造ることによって自動車の走行距離が減り、その分のガソリン代の節約や人件費の削減ができたり、交通事故が確率論的に減ることによりその分の入院費や社会保障費、保険料が削減できたり、といった「メリット」を貨幣価値に換算してコストと比較検討します。便益（B）がコスト（C）を上回ればそのプロジェクトにはゴーサインが出ますし、下回る場合はコスト削減が求められたり、そのプロジェクト自体が中止・順延になったりします。

道路や橋の多くは一企業のものではなく、それを利用する人たちから通行料を取って収益を稼ぐわけではありません。日本では高速道路は民間会社が所有・管理する形態になっていますが、これも一企業が単なる利益のために行なうのではなく国が強く監視・規制をしています。このような公共財、もしくは公共財に準じるものは、地域住民や日本国民、地球市民のメリットを貨幣価値に換算して定量化することにより、便益を推計するのが一般的です。政府（国土交通省）からは『費用便益分析マニュアル』〔10〕というそのままズバリの手引書も公表されているくらいです。この分野では、政府自身が「コストだけでなくちゃんと便益も考えてね！」というメッセージを発信しています。

電力やエネルギーの分野では、ＣＢＡは１９９０年代から欧州や北米を中心に研究が進み、これらの国では実際の政策に反映されてきました。日本では電力の分野は長らく民間企業による地域独占が続いていたため、電力に関するＣＢＡはもしかしたら民間会社内部では検討されていたかもしれませんが、広く公表されることはありませんでした。また、メディアもＣＢＡについてはほとんど伝えてくれず、この分野できちんとＣＢＡをやることが重要だ、ということは私たち一般市民にも知らされていないという状態が長く続きました。他の分野（公共施設）や諸外国では当然のように行なわれている評価手法なのですが、ソレがあるということすら知らされていない……、という状態はまさに「ふんわり情報統制」です。

幸い、日本でも２０１５年に設立された電力広域的運営推進機関という公益的な組織により、電力分野のＣＢＡが進められています。しかし、このような地道な取り組みは、ニュースソースとしてパッとしないのか、メディアではほとんど取り上げられることがありません。

ＣＢＡは、なにも道路や橋、エネルギーや電力といった技術系の分野だけに適用されるものではありません。ＣＢＡは、政策評価や**規制影響分析（ＲＩＡ）**でこそ本来多く使われるもの

です。例えば、ＣＢＡに関する教科書的専門書（幸い日本語版も出ています）を紐解くと、

ＣＢＡ（費用・便益分析）の広義の目的は、社会的意思決定を支援することである。〔11〕

市場の失敗があると、政府介入の一応の理論的根拠になる。（中略）選択肢に関しては、現状も含むが、ある特別な介入がより優れて効率的であることを実際に提示できなければならない。この目的のためにＣＢＡを行なうのである。〔11〕

費用便益分析の目的は、政策の実施についての社会的な意思決定を支援し、社会に賦存する資源の効率的な配分を促進することである。〔12〕

などといった形でＣＢＡの目的が謳われています。ここで、２・３節で述べた「市場の失敗」が出てくるのが興味深いところです。そしてこのことは、前節で議論したとおり、社会科学的方法論により、実社会の政策も科学的に意思決定できるという「あるべき姿」を示しています。

政治はダーティでアンダーテーブルで利権や中抜きがはびこる世界であるとすれば、それは本来のあるべき姿から程遠いものです。それが現実だと諦めて嘲笑や冷笑に走る人もいるかもしれませんが、問題は本来のあるべき姿がメディアも含め社会全体でほとんど議論されていないことにあります。

当然ながら、理想論だけを唱えても現実には対応できないこともあります。しかし、誰も理想論を唱えない（あるいは細々と唱えられていたとしても膨大な情報量のなかで探し当てられ

ない）今の日本では、「これが現実だよ」と斜に構えていても現実の問題は1ミリも改善しません。日本で脱炭素や再エネの導入がなかなか進まず、国際機関の見通しや他の先進国よりも大きく後れを取っている現状の背景には（そして貧困問題や人権問題も）、このような科学的方法論に基づいて政策決定ができる、という認識が国民の間で全く共有されていないためといえます。

さて、脱炭素の文脈でEBPMに話を戻すと、種々の国際機関が中心となってエネルギー技術経済モデルの研究開発やそれを利用した試算・分析を進め、不確実性がありながらもそれを考慮して科学的な分析を基に将来のあるべき姿を示しています。このような国際議論の構造を知れば、気候変動に関する日本のなすべき対応は単純明快であり、国際機関の合意事項を遵守すること、に尽きます。IPCCやIEA、IRENAの報告書を絶対視・神聖視する必要は全くありませんが、世界中の研究者・科学者の合意形成がとれた蓋然性の高い現時点での科学的知見を採用することで、迫りくる人類全体の危機に対して、**科学的・合理的なリスクマネジメント**を取ることが可能だからです。

国際エネルギー機関（IEA）や国際再生可能エネルギー機関（IRENA）の報告書では、IPCCの報告書がたびたび引用・言及され、その内容に準拠して調査・分析・試算がなされています。そして、1・4節で紹介したとおり、IEAのSTEPSやAPCシナリオのような「今までどおり」では全然対策が足りず、「決定的な10年」と呼ばれる2030年までにスタートダッシュで急げ急げ、が国際的に議論されています。

現在議論が進む『第7次エネルギー基本計画』には、本来このようなIPCCやIEA、IRENAなどの国際機関に準拠し歩調を合わせた科学的政策決定が必要です。

3・3 日本の政策は世界に逆走

さて、第7次エネルギー基本計画の行方を占うために、その直前の第6次基本計画（2021年）と「**グリーントランスフォーメーション（GX）**実現に向けた基本方針」（通称、GX基本方針、2023年）、およびそれら前後の政策議論がどのような経路を辿ってきたか、見ていきましょう。

日本は現在、**2050年までにカーボンニュートラルを達成する**ことを宣言しています。これは、2020年10月26日に当時の内閣総理大臣である菅義偉氏が所信表明演説において、

二〇五〇年までに、温室効果ガスの排出を全体としてゼロにする、すなわち二〇五〇年カーボンニュートラル、脱炭素社会の実現を目指すことを、ここに宣言いたします。[13]

と宣言し、その後内閣において閣議決定されたことから始まっており、日本政府の公式見解で

す。

この宣言を受け、早速同年11月17日の経済産業省第33回基本政策分科会において、「2050年カーボンニュートラルの実現に向けた検討」と題した資源エネルギー庁（事務局）の提出書類が提出されました。この資料では、

2050年カーボンニュートラルへの道筋は、（中略）一定の積み上げのもと確実に実現すべき目標として捉えるのではなく、様々なシナリオを想定した上で目指すべき方向性として捉えるべきではないか。[14]

という議論の前提が提案されています。

続く同年12月14日の経済産業省第34回基本政策分科会では、国立環境研究所、自然エネルギー財団、日本エネルギー経済研究所、電力中央研究所といった国内の4つの研究機関がヒアリングされ、それぞれの研究機関によるエネルギー技術経済モデルなどによる2050年までの電源構成見通しなどの試算が提示されました[15]。これらの分析のなかでは、各研究機関が複数のシナリオを提示し、2050年の電源構成における再エネ比率は27〜100％と幅広い試算が提示されています。この内訳を見ると、

国立環境研究所：再エネ比率8割程度
自然エネルギー財団：再エネ100％

日本エネルギー経済研究所：27～54％

電力中央研究所：40～50％

となっています。このように、各研究機関はコンピュータ・シミュレーションによるエネルギー技術経済モデルを用いて複数のシナリオ分析を検討しており、日本でも政策決定にあたってEBPMがきちんと履行されているようにも見えます。

しかしながら、この審議会の議事録における委員からの質問や意見をよく読むと、

電力コストにつきましては、欧州でも再エネ比率拡大でコストが上昇すると見込まれております。どうして、より課題の多い日本でコストが低下するといえるのかと。

グリッドの増強とかバックアップ、これは電池を使っているでしょうから、この辺りもよく分からないのですけれども、バックアップのコストはどうなっているのでしょうか。

特に、再生可能エネルギーのように変動成分が多いものに関しては、この調整あるいはバックアップだけでもべらぼうに多くのコストがかかってくる。

コストのことがすごい気になるわけです。[16]

といった形でコスト、コスト、コスト……の質問や意見が相次ぎました。A4で52ページにもわたる議事録の中に、「コスト」および「費用」が登場するのは実に129回に対して、「便益」がわずか1回、「外部不経済」や「外部コスト」は0回という審議内容となっています。

第2章においてコスト、コスト、コスト……で便益について議論しないと現在歪んでいる市場がますます歪むという構造を紹介しましたが、国の政策を決めるべき審議会でその責務を負う委員がまさにコスト、コスト、コスト……を地で行く発言をしていることに驚かされます。また、「この辺りもよく分からないのですけれども」などと、必ずしも自分の専門ではない分野に不勉強のまま口を出す委員もおり、このような形で日本の政策が決められているという現状が議事録では赤裸々に描写されています（しかし、メディアはこれをほとんど取り上げません）。

この第34回会合の議事録では「**統合費用（コスト）**」という単語が多く登場します。電力工学上の専門用語ですが、非常に重要なのでここで簡単に言及しておきたいと思います。これは再エネに限らず、ある電源を電力システムに接続（統合）する際に必要となる系統増強や調整などのコストを表し、従来の発電コストとはまた別にかかるコストのことです。基本政策分科会ではこの統合コストについて多くの議論が割かれ、結果的に再エネの大量導入は単に再エネの発電コストだけでなく、統合コストが高いと試算される（から再エネ大量導入は慎重）、という雰囲気が多数の委員の質問や意見から滲み出ています。なかには「バックアップのコスト」というとても古臭い昔の考え方で質問する委員も出てくるほどです（バックアップがなぜ古いかについては、4・4節で再び取り上げます）。

しかしながらこの統合コストに関しては、国際的にはもう10年以上前から議論されている問題だというのは日本ではほとんど知られていません。しかも、この「統合コスト」という概念を提唱した研究者自身が、約10年前（２０１３年）に発表した論文のなかで、

> 特に気候変動などの外部不経済やＶＲＥ（注：変動性再生可能エネルギー。風力および太陽光のこと）の便益が内部化される場合、**ＶＲＥシェアの最適解が低くてもよいというわけではない**。
>
> 高いＶＲＥシェアを達成するためには、相当の炭素価格に加えて、原発の容量を大幅に削減したり**再エネを強力に支援することが必要になる**ことがある。[17]

と述べています。（筆者仮訳。太字も）。原論文にはちゃんと外部不経済や便益という言葉が登場する点が重要です。

このように国際論文の原典まであたって確認すると、日本の審議会が統合コストの元論文を完全に誤読し、元論文がせっかく警告した「外部不経済や便益が内部化される場合、ＶＲＥシェアの最適解が低くてもよいというわけではない」が全く無視され、むしろこの元論文とは真逆の考え方が政策決定に反映されてしまったことが明らかになります。

また、この第34回基本政策分科会の翌年の２０２１年になりますが、ＩＥＡの下部組織の専門家会合から以下のような推奨が出されています（日本語版の公表は２０２２年）。

従来は、風力発電のいわゆる統合コストを試算するのが一般的だった。いずれの方式も**重大な欠点があることがわかっている。**

システム統合コストという考え方は、用いられている方法に対して完全な合意に至らず、**その有用性は失われてしまった。**

政策立案者やその他の利害関係者は、発電コスト（ＬＣＯＥ）にシステム統合コストを加えようとするのではなく、異なるシナリオについて**電力システム全体のコストと便益を評価することが望ましい。**［18］

ここでも「便益」が登場することに注目です。第2章でも取り上げたとおり、国際的な最先端の議論では、電力システムなどの技術の話をする際にも、当然ながら外部不経済や便益などの社会科学的な評価も考慮されます。「経済性を考慮して……」と一見正しそうな表現を使ったとしても、コスト、コスト、コスト……と表面的な話では科学的な議論になりません。日本では社会科学に関する議論が圧倒的に不足しています。

このＩＥＡの専門家会合は私自身も専門委員として参加しており、国際機関の専門委員は政府の委託事業として派遣されるため、この会合の議論の内容は（報告書の公表の前段階から）政府にもいち早く報告しています。私も微力ながら最新の国際議論を政府にお伝えする身ではありますが、せっかく報告した世界の最先端のほぼほぼ合意形成された科学的知見が見事に無視され、むしろ今ではすっかり「有用性は失われてしまった」とされる10年前の古い考え方で（かつ技術は考慮するけれども科学は考慮されない形で）日本のエネルギー政策が決定されてしまったことになります。

統合コストという指標を考え、それを議論すること自体は、電力システムのさまざまな問題を分析する上で学術的には一定の意義があります。しかし、世界中の多くの研究者や専門家が最先端の知見を提供しながら合意形成が進められている国際機関の動向を反映せず、特定の指標（しかも今では「有用性は失われてしまった」と指摘されるもの）のみを取り上げ、それを理由に政策決定がなされるとしたら、それは都合のよいチェリーピッキングにすぎません。もちろん、チェリーピッキングは科学的手法ではありません。

このような基本政策分科会のレベルの低い議論を経て、第34回会合のわずか1週間後の同年12月21日には経済産業省第35回基本政策分科会において「２０５０年には発電電力量の約５～６割を再エネで賄うことを今後議論を深めていくにあたっての参考値としてはどうか」[19]という事務局案が提案されました。余談ですが、「～としてはどうか」という表現はいわゆる霞ヶ関文学と呼ばれ、事務局（省庁担当者）提案でよく見かける言い回しですが、審議会でこの提案が覆ることは極めて少なく、事務局提案が出た段階で事実上政策が決定してしまっている、というのが日本の政策決定の現場でよく見られるパターンです。

なぜ「約5～6割」という数値が出てきたかの根拠を文献［19］から注意深く探すと、「ヒアリング等の示唆」として、「火力・原子力がなければ、再エネの統合コストが高まり、総費用は大きくなる。日本を9地域に区分しVRE発電単価7～8円／kWhの場合、再エネ比率約54％が最適」（同資料P.146）という情報が見られます。この54％という数値が前述の事務局案の根拠であると見ることができます。

では、この「ヒアリング等の示唆」の大本となる資料は、第34回会合の資料3-3[20]に見られます。同資料では、「VREの発電単価（LCOE）を0円／kWh（ケース1）から9～10円／kWh（ケース6）まで変化させて電力部門の総費用を推計」した結果、「再エネ比率約54％が最適」であることが同資料のグラフから読み取れます。つまり数値も表現も文献［19］と文献［20］がぴったり合致し、文献［19］の事務局案が（他の研究機関の分析結果には何も言及せずに）文献［20］だけを参照して結論を出した経緯が浮かび上がります。

さらに注目すべき点は、この文献［20］の解析のなかのもう一つのパラメータとして、**水素火力**が登場しているという点です。水素火力とは、従来、石炭・石油・ガスを燃料として稼働させていた火力発電に水素を使うものです。同資料では水素火力の発電コストは12円／kWhと仮定されています。ここで水素火力の発電コスト12円／kWhという「仮定」が、政策決定の議論の場で妥当かどうかが問題となります。

一般に将来の予測などに不確実性がある場合に、その不確実性をも考慮するために、感度分析（感度解析）が行なわれます。その点で、風力や太陽光などのＶＲＥ発電コストの将来予測には若干の不確実性が含まれるため、将来予測に感度分析をすることは学術的には妥当です。しかしながら、不確実性を考慮するという目的であれば、ＶＲＥの発電コストの将来動向よりもはるかに不確実性が高い水素火力の発電コストも感度分析しないと、政策決定においては公平な議論とはいえません。

事実、文献［19］にも水素発電（２０２０年電時点試算）の発電コストは「専焼97・３円／ｋＷｈ」と正直に記載されており、過去10〜20年前の再エネよりもはるかに高コストなものを12円／ｋＷｈまで低減させるという、不確実性が極めて高い仮定がここで用いられています。

風力や太陽光は現時点で多くの国でコストが下がっており、将来予測も複数の国際機関や複数の民間シンクタンクが予測を競い合っている状況で、若干の不確実性はあるものの、その不確実性（誤差）の幅は年々少なくなっています。一方、水素火力はまだ技術的実現可能性すら得られておらず、経済的実現可能性を検証するのはこれからであり、水素のコストのほうが圧倒的に不確実性が高いといえます。不確実性が低いもの、つまり確度が高い再エネのコストを丁寧に感度分析していながら、不確実性がより高い水素火力という方法を決め打ちの数値で仮定するという方法は、研究成果の途中経過の一部を速報的に提示するという点では一定の意味があるかもしれませんが、これが政策決定の根拠に使われるとしたら、不確実性を扱うリスクマネジメントの方法論としてバランスを欠いていると言わざるを得ません。

また、同じ水素でも再エネ由来の水素（グリーン水素）と、化石燃料由来でＣＣＵＳ（二酸化炭素回収・再利用・貯留）を用いる水素（ブルー水素）があります。グリーン水素とブルー水素でも将来コスト予測が異なることが世界中で議論されています。文献［20］では水素製造の方法についていては直接言及はありませんが、文献［19］ではＣＣＵＳを前提とした水素製造となっています。一方、米国の調査会社ブルームバーグＮＥＦの試算では、２０５０年になるとブルー水素よりもグリーン水素のほうが低コストになると予想されています[21]。このような状況で、再エネ由来の水素という選択肢を捨てて、わざわざＣＣＵＳによる化石燃料由来の水素を用いる戦略にほとんど妥当性はないでしょう。仮に、後者の文献［19］の試算において水素火力の水素が再エネ由来であった場合、再エネ比率は80〜１００％になるともいえますが、なぜか再エネ由来の水素は無視されているようです。

その数日後の同年12月25日に、『２０５０年カーボンニュートラルに伴うグリーン成長戦略』が内閣府の第６回成長戦略会議に提出され[22]、ここで２０５０年に「再エネ（50〜60％）」という数値があらためて明記されました。日本の将来の方向性を定める重要な数値が、「〜としてはどうか」の提案からわずか４日で決まったことになります。この『グリーン成長戦略』

は、翌２０２１年6月には若干の修正が入った同名の文書があらためて内閣官房・経済産業省など各省庁の連名で発表され[23]、まさに国を挙げての戦略が正式に決まり、「２０５０年再エネ50～60％」が既定路線となりました。

さらに、２０２１年5月13日には、第43回基本政策分科会において、地球環境産業技術研究機構（ＲＩＴＥ）によるシナリオ分析の結果が資料として提出されました[24]。ここではＤＮＥ21＋という名前のエネルギー技術経済モデルが用いられているという点では、ＥＢＰＭの手続きを踏んでいるように見えます。

しかし、この第43回会合で披露された計算結果にもやはり統合コストが考慮されており、しかも国際議論や学術論文ではあり得ないような極端な条件（他の選択肢もあるなかで最も高価なリチウム蓄電池の容量を極端に大きくするなど）で統合コストを割高に見積もっている結果となっています。その結果、例えば再エネ１００％シナリオも想定されているものの、再エネのコストが53・4円／ｋＷｈなどと他の国際機関報告書や既存の学術論文と比較しても大きく乖離した結果が算出されることになりました。極端に無理な条件を恣意的に入力すれば、極端な結果が出力されるのは当然といえば当然です。「有用性は失われてしまった」と評価されている統合コストを盛り込み、さらに国際議論とは大きく乖離した過剰な仮定を置くという二重の誤謬を犯していることになります。

百歩譲って、このような独自で特異な仮定をもつ学術論文が出てきてもそれ自体悪いことではありませんが、それが十分な理由も説明されず審議会の場で発表され、その結果が十分な第三者検証もなく政策に反映されてしまうとしたら、それは方法論としてＥＢＰＭにはなり得ません。むしろ、統合コストなどの専門用語を使っている分、巧妙にアリバイが作られ偽装された「なんちゃってＥＢＰＭ」ともいえる構図でしょう。多くのメディアも内容が専門的すぎてこのアリバイを見抜くことができず、ニュースにすらできない状態だったと思われます。

また、第34回会合では4つの研究機関の比較の場が曲がりなりにも設けられたにもかかわらず、第43回ではなぜ地球環境産業技術研究機構（ＲＩＴＥ）のみの分析が選ばれたのかについて、前後の会合の議事録や配布資料を読む限りではその理由は読み取れませんでした。

事実、このＲＩＴＥの試算は、国際議論としても学術的にもほぼあり得ない仮定であり、費用便益の観点から、よりよい選択肢もあることが国内の複数の機関から公表されました。そのうちの一つは、地球環境戦略研究機関（ＩＧＥＳ）から公開質問として公表され[25]、ここでは電気自動車の車載蓄電池や需要側の対策など「対策オプションの幅を広げる」ことが提案されています。この対策オプションの幅を広げるというのは前述の柔軟性に通じるものがあります。その点でＩＧＥＳの指摘はＩＥＡやＩＲＥＮＡなどの国際機関での議論に沿ったものとなっています。

一方、このIGESの公開質問に対するRITEの回答も審議会資料として公開されましたが［26］、「誤解をしている」という論法で話題が逸らされ（なんだかSNSでの不毛な議論を彷彿とさせます）、IGESの再反論（補論）［27］に十分な回答がなされず議論が発散したまま、それ以上審議会で議論された形跡は見当たりません。

なお、2021年6月30日に開催された第44回基本政策分科会では、前回のRITE一機関だけでは恣意的だという声もあったのか、第34回と似たような形で合計6つの研究機関がヒアリングに呼ばれ、2050年の電源構成などの試算結果が再度披露されました［28］。続く第45回会合（7月13日開催）では、上記の6機関による分析結果の比較表も作成されました［29］。しかしながら、議事録を読む限り委員からの質問は乏しく、複数のシナリオ・方法論による比較検討作業はここで立ち消えになってしまったように読み取れます。結局、文献［24］のRITEの（極端で恣意的な前提条件の）試算が、「2050年再エネ50〜60%」のお墨付きをさらに（恣意的な方法論で）与える結果となりました。

以上ここまで、「2050年再エネ約5〜6割」という現在の政府目標がどこから来たのかについて過去の審議会資料や議事録を追いながら読み解いてきました。箇条書きにまとめると、以下の4点となります。

①「2050年再エネ約5〜6割」という数値は統合コストと水素火力を前提とした解析

に基づいている。

②統合コストの考え方は国際的には「有用性は失われてしまった」と指摘されているが、それを用いて政策決定がなされている。

③水素火力の将来コストは不確実性が極めて高い（つまり予測が立たない）にもかかわらず、12円／ｋＷｈと恣意的に安めに固定され計算されている。

④国際的に議論が盛んな「柔軟性」という概念が用いられず、過度な火力依存が前提となっている。

もちろん、一つの学術研究として見た場合、限られた条件で一定の仮定のもと分析や解析を行なうことは方法論としては妥当であり、基となる試算結果の学術的価値は評価されるべきです。しかし一方で、審議会や分科会など政策決定の過程では、このように極端に恣意的で不確実性の高い限定された前提条件の試算のみを用いて議論を進めることは公平性を欠き、ＥＢＰＭの方法論として妥当であるとはいえません。一見、科学的方法論を取っているように見せかけながら、都合のよい結果論をチェリーピッキングしているにすぎないともいえます。３・１節のそもそもの科学論で述べたとおり、結果論ではなく方法論に問題があり、さらにこれが問題だと認識されていないこと自体が日本の大問題だといえます。

この「２０５０年再エネ50～60％」という日本の目標と、１・３節で示した国際機関の将来見通しである「２０５０年再エネ9割」とは、大きな乖離があります。それは図1-3で見たとおりです。ところが、日本では日本独自論があまりに幅を利かせているせいか、「日本は狭い島国で……」とか「人口密度が高く……」などと枕詞さえつければ全て「世界とは違う！」という強弁が後を絶ちません。私自身も講演やインタビューなどで、「世界と日本は何が違うんですか？」と質問されることが多いです。もしかしたら質問者は、日本の自然環境とか電力システムの特殊な環境など、技術や自然科学に関する回答を期待しているのかもしれませんが、私の回答としては、「**単純に、日本は科学的根拠に基づく意思決定ができない国になってるだけじゃないですか？**」とお伝えしています。

　さてその後、２０２１年7月21日には第46回基本政策分科会において『第6次エネルギー基本計画』（素案）が発表され[30]、そこには２０３０年度の電源構成に占める再生可能エネルギーの比率が「野心的な見通し」として36~38%と明記されました。ここでは但し書きとして「現在取り組んでいる再生可能エネルギーの研究開発の成果の活用・実装が進んだ場合には、38%以上の高みを目指す」とも付記されています。しかしこの後、形ばかりのパブリックコメントを経て、大きな変更なく２０２１年10月に閣議決定されました[31][33]。なお、また、温室効果ガス削減割合も２０３０年度には（２０１３年比で）46%と目標が設定され、「更に50%の高みを目指す」とも明記されました。

この第6次エネルギー基本計画の素案が公表され閣議決定されるまでの2021年7〜10月ということと、1・2節でも述べたとおり、IEAがすでに『ネットゼロ』報告書を同年5月に公表した後であり、図1-3で見たとおり国際平均に対して日本の再エネ導入率が著しく低いということは誰の目にも明らかです。経済産業省もIEAには職員を派遣しているので当然ながら国際動向も知った上で、あえて低い数字を出したことになります。ただし、「2050年に再エネ9割」の情報は日本語メディアではほとんど流れていないので、日本のほとんどの人は知らされていないため、この乖離に気づく人もほとんどいないという状況です。

3・4　日本の予算配分はバラマキ型

前節では『グリーン成長戦略』[22]で明記された「2050年再エネ50〜60%」が決定されるに至るまでの方法論をつぶさに観察しましたが、結果論についても詳しく見ていきましょう。

『グリーン成長戦略』では、以下に示す14の重点分野が策定されました。

（1）洋上風力・太陽光・地熱産業（次世代再生可能エネルギー）
（2）水素・燃料アンモニア産業
（3）次世代熱エネルギー産業

（4）原子力産業
（5）自動車・蓄電池産業
（6）半導体・情報通信産業
（7）船舶産業
（8）物流・人流・土木インフラ産業
（9）食料・農林水産業
（10）航空機産業
（11）カーボンリサイクル・マテリアル産業
（12）住宅・建築物産業・次世代電力マネジメント産業
（13）資源循環関連産業
（14）ライフスタイル関連産業

本書は脱炭素のなかでも再エネに焦点を当てた書籍であり、紙面の関係もあり全ての分野について詳細に紹介できませんが、これらのなかで特に（1）に着目して同文書をよく読むと、以下の内容が記載されています。

i）洋上風力

①魅力的な国内市場の創出

②投資促進・サプライチェーン形成
③アジア展開も見据えた次世代技術開発・国際連携

ⅱ）太陽光
①次世代技術の開発
②関連産業の育成・再構築
③適地確保等

ⅲ）地熱
①リスクマネーの供給、理解促進
②関連法令による規制
③次世代型地熱発電技術の開発

3・1節で論じた技術と社会科学の関係、あるいは「ものづくり」と「しくみづくり」という視点で分類すると、ものづくりに関連するのがⅰ）③、ⅱ）①、ⅲ）③であり、しくみづくりに関連するのがⅰ）①②、ⅱ）②③、ⅲ）①②というところでしょうか。この分類や説明に割かれるページ数から見ると、しくみづくりに重点を置いているようにも読み取れます。一方、洋上風力が着目されるのは悪いことではありませんが、陸上風力がほとんど登場しないのは不可解で、気になるところです。陸上風力のほうがコストが低いので、本来優先度が高いのですが……。

　また、同文書（２０２２年6月版）の本文は１３４ページあるなかで、再エネ関係は11ページ割かれているのに対し、水素・アンモニアが９ページ、原子力が４ページとなっており、この分量および登場順序から判断すると、再エネがグリーン成長戦略の最も重要なカードであるとも読み取れます。よく、新聞やテレビでも米国大統領の演説や世界的に有名な企業のＣＥＯのプロモーションで何のテーマに何分間割かれたか、などというニュースが載りますが、このような公式文書ではその分野の比率（プロポーション）によって政府内の重要度をある程度推し量ることができます。

　一方、２０２１年1月28日には令和2年度第３次補正予算が成立し、このなかで２兆円の「グリーンイノベーション基金」[33]を新エネルギー・産業技術総合開発機構（ＮＥＤＯ）に造成することが決定されました。また、これを受けて同年2月には、経済産業省産業構造審議会内にグリーンイノベーションプロジェクト部会が設置されました[34]。この部会の設置趣旨は、

　２０５０年までのカーボンニュートラル目標に向けて、令和2年度第３次補正予算において2兆円の「グリーンイノベーション基金」を国立研究開発法人新エネルギー・産業技術総合開発機構（ＮＥＤＯ）に造成し、具体的な目標年限とターゲットへのコミットメントを示す企業の野心的な研究開発を、今後10年間支援していくこととしている。[35]

と明記されているように、NEDOに造成されたグリーンイノベーション基金の予算配分と管理・運営を司ることです。また、この部会の傘下には、以下の3つのワーキンググループ（WG）も設置されています。

エネルギー構造転換分野WG

産業構造転換分野WG

グリーン電力の普及促進等分野WG

続く同年3月12日には第1回エネルギー構造転換分野WGにおいて、同基金事業の基本方針が策定されました[36]。この基金の予算は当初2兆円でしたが、その後2022年度第2次補正予算により3000億円が、さらに2023年度当初予算により4564億円が積み増しされ、合計で3兆円近くにも上る巨額予算になりました。2023年4月時点でのこの基金の予算配分を見ると、**図3-1**に示すように、再エネ関連が1195億円で全体の7%、水素関連が6821億円で37%、CCUS（二酸化炭素回収・再利用・貯留）関係が5291億円で29%、運輸関係が3621億円で20%、デジタル関係が1410億円で8%となっています（文献[37]から筆者調べ）。なにやら、前述の『グリーン成長戦略』における言及度合いのプロポーションとはだいぶ様相が異なっています。グリーンイノベーション基金では、『グリーン成長戦略』においてトップ扱いだった**再エネに全体のわずか8%しか予算が配分されず**、水素

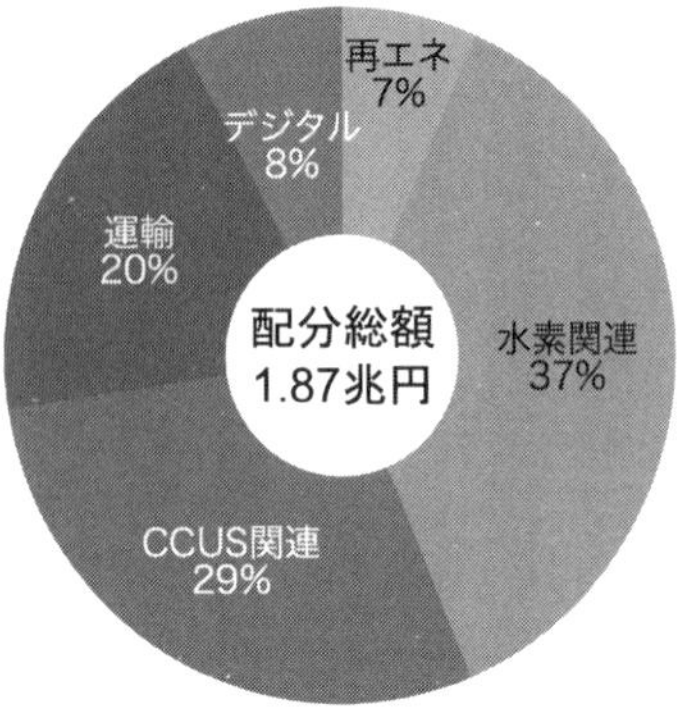

図3-1　グリーンイノベーション基金における予算配分（2023年4月時点。文献［37］のデータから作成）

およびCCUSだけで全体の3分の2を占めるという厚遇となっていることがわかります。

　なぜこのような予算配分になっているのでしょうか？　一つの理由としては、前述のとおり、脱炭素の専門家がほとんど入っていない部会やワーキンググループで予算が決められてしまった点が挙げられます。このグリーンイノベーションプロジェクト部会および傘下のワーキンググループの委員構成を見ると、太陽光の専門家はわずかにいますが、風力の専門家や気候変動の専門家は選ばれていないようです。これではまるで、サッカーの未来を決める予算会議に、サッカーの専門家はほとんど呼ばれず、野球や相撲の専門家だけで予算配分を決めてしまったかのようです。また、補正予算で大枠だけ決まったものの、その内訳は国民の代表者である国会の審議を経ずに、省庁の一部局主導で決めることができる、という構造的な問題もあるかもしれません。

　すでに1・5節で紹介したとおり、種々の国際機関ではカーボンバジェットや「決定的な10年」の考えの下、「急げ急げ」で脱炭素に最も大きく貢献し、かつ、現在すでに実用化されている技術である風力発電および太陽光発電の導入の加速が謳われています。このような国際動向と比較すると、日本の脱炭素政策、特にグリーンイノベーション基金の予算配分は「夢のような技術」に偏重しており、「急げ急げ」の地に足がついた既存技術の普及拡大にほとんど貢献できていないように見えます。特に、せっかく『グリーン成長戦略』で言及された「しくみづくり」的な取り組みも、この予算配分のなかからはほとんど見えてきません。3兆円弱の予算はいったい何のために使われるのでしょうか？　「夢のような技術」偏重予算で、果たして本当に日本は脱炭素に（特に「決定的な10年」に）本気で取り組んでいるのでしょうか？　そしてその姿勢は世界からどう見られるでしょうか？

ここで世界と日本の乖離をあらためて確認するために、第1章で載せきれなかったＩＥＡの報告書のグラフをもう一枚提示したいと思います。**図3-2**は２０２１年にＩＥＡから発表された『ネットゼロ』報告書[38]（**図1-4**の元情報と同じ）の中のグラフで、２０５０年までの各技術への投資予測が示されています。これもエネルギー技術経済モデルを用いたコンピュータ・シミュレーションで算出された結果です。

図3-2を見ると一目瞭然ですが、２０５０年までにエネルギー分野でダントツで最も投資が進むのが再エネです。次に多いのが電力系統（電力システム）に対する投資で、これは再エネの大量導入により系統構成が変化するため、電力系統に投資をすることは大きな便益を生むからです。また、**エネルギー効率化や電化（エレクトリフィケーション）**にも投資が集まりま

す。エネルギー効率化は聞き慣れない言葉かもしれませんが、日本では**省エネルギー（省エネ）**と呼ばれているものに相当します。

ただし、省エネというと日本では多くの人が「我慢をする」「こまめに電気を消す」などの行動を連想するように、個人の努力や工夫に矮小化され、本来やるべき国や産業界全体での「しくみづくり」から巧妙に論点がズラされがちです。本来の国際議論では、エネルギー効率のよりよい製品やしくみに買い替え、投資を促し経済を活性化させつつエネルギー消費を抑える行動です。具体的には、例えばガソリン車から電気自動車、火力発電から再エネ、シングルガラスからダブル／トリプルガラス、アルミサッシから樹脂・木製サッシなどが挙げられますが、これらは日本では省エネの文脈ではほとんど全く語られません。これも「ふんわり情報統制」の賜物かもしれません。

一方、日本のグリーンイノベーション基金において破格の優遇を得ている水素やCCUSは、このIEAの試算では、再エネや電力系統、エネルギー効率化に比べると数分の1レベルとなり投資額は限定的、かつ、あったとしても2030年以降にようやく増えるという傾向が見られます。脱炭素・ネットゼロを確実に達成するためには、ありとあらゆる技術を総動員しなければならないというのは世界共通の認識であり、もちろん、水素やCCUSも（さらには、必要があれば原子力も）最初から排除されるものではなく、カードの一枚として検討することに

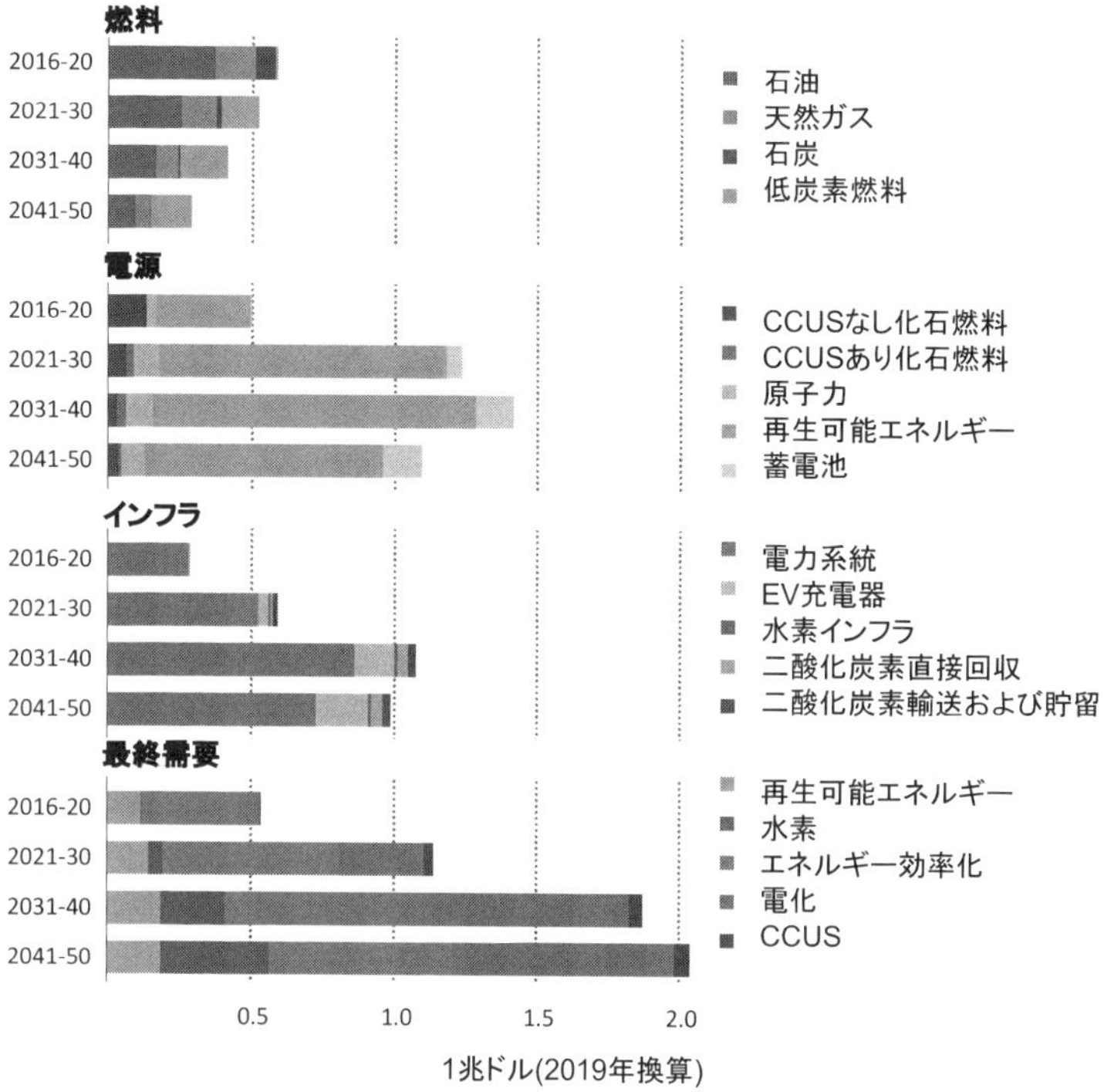

図3-2　2050年までにネットゼロを達成するための各技術への国際的投資予測（文献［38］の図を筆者仮訳）

は一定の意義があります。地道な研究開発も確かに必要でしょう。しかし、1・5節でも述べたとおり、これらは切り札というよりは、タイムアップ寸前に投入するかもしれない控え選手にすぎないのです。

もちろん、このIEAの試算は民間を含むエネルギー分野への投資全体ですので、単純に研究開発費だけではないことに留意が必要です。しかしながら日本では、この**図**

3-2のような国際的な相場感が頭に入っていない（知らされていない）人があまりに多いためか、「ありとあらゆる技術を総動員しなければならない」と聞いた瞬間、不確実性が高く脱炭素の貢献度がそれほどあまり高くない水素やCCUSに研究開発の予算の3分の2も突っ込むような、国を挙げた一大ギャンブルが始まってしまいます。そしてそれを誰も不思議に思わないという空気が、「ふんわり情報統制」によって完成されているのかもしれません。

このような科学的方法論に基づいて算出され、ほぼ国際合意形成が取れた投資予測および優先順位を基準に考えると、日本のグリーンイノベーション基金における予算配分は、国際的にはかなり異常に映ります。すでに日本が、再エネの超大量導入が済んでおり手を打ち尽くしたのならまだしも、やるべきことをやっていないのに（やるべきことをやっていないからこそ）逆張りの一発逆転ギャンブルに賭けてしまうような様相です。むしろ世界には、気候変動対策から目を背け、ズルをして隠して未来にツケを回してまで商売をしたい人たちもうじゃうじゃいるので、日本は彼らにとってよいカモと見られるかもしれません。そして、これが異常であるということ自体が日本でほとんど認識されていないという点も、さらにその異常性に拍車をかけています。まさに世界の常識は日本の非常識、日本の常識は世界の非常識、です。

3・5　再エネは未成熟？——再エネの５つの神話を解体する②

前節では、「夢のような技術」に巨額の予算が注ぎ込まれ、本来「急げ急げ」で「決定的な10年」に大きく貢献する風力や太陽光が相対的に軽視されている構造を分析しました。メディアもこの「夢のような技術」が大好きで、脱炭素やカーボンニュートラルの文脈で萌芽的な技術がしばしば大きく取り上げられます。なぜこのような構図が特に日本において発生しがちなのかを、本節では深掘りしていきたいと思います。そしてそれはそのまま、本節のタイトルのとおり日本を覆う誤解と神話でもある「再エネは未成熟？」に対する回答になるでしょう。

私自身も、国内のさまざまなメディアからインタビューを依頼される機会があり、また、これらの萌芽的技術を研究開発する会社や投資家からも「〇〇の技術の将来の可能性はいかがお考えですか？」と質問されることがあります。察するに、専門家のお墨付きをもらいたい……、という意図が見え隠れします。それに対して、私の用意する回答は一律シンプルで、「まずはその技術を実装した場合にどのように脱炭素に貢献するか、費用便益分析を行なった論文をお見せください。エビデンスがないと何も評価できません」となります。

「何も評価できません」「わかりません」と回答した瞬間、大抵のメディアさんはたいそうがっかりして帰っていって、そのインタビューは大抵ボツになって記事や番組では採用されないことがほとんどです。しかし逆に考えると、科学的なエビデンス（特に、技術的分析ではなく経済的分析）がないまま、個人的意見や感覚論で「これはものになる！」とか「この技術で世界を救う！」という「専門家」の意見ばかりが採用されてメディアで流れるとしたら、それは前述のとおり国を挙げた一大ギャンブルを促進するだけになるでしょう。

もちろん、全ての萌芽的技術がその萌芽的な段階から経済評価を行なっているとはあまり考えられず、なかなか予算がつかないなかで地道に技術開発や基礎研究を行なっているケースがほとんどでしょう。それはそれでよいと思います。そのような地道な研究は科学の進歩の礎なので、温かく静かに見守ってあげるのが吉です。問題はメディア（および投資家）側にあります。

このような萌芽的技術を、例えば専門技術誌や業界紙で丁寧に掘り起こしてスポットライトを当てるのであれば、それはむしろ素晴らしいジャーナリズム精神で、有益なことでしょう。しかし、一般紙やテレビで、たまたま目についた（あるいは噂になっているだけの）萌芽的技術を、経済評価もしないうちから切り札や救世主かのように持ち上げる行為は、単なる科学をダシに使っただけのエンターテイメントにしかすぎません。それは「探求的な営み」としての科学ではなく、「知識の寄せ集め」的で科学（技術）絶対視の誤った科学認識です。それはあたかもジャンクフードや炭酸飲料がじわじわと人々の健康を蝕むように、じわじわと国全体の健全な科学的思考を蝕むだけでしょう。

このような「夢のような技術」は視聴率や販売数、ページビューも劇的に稼げるようで、メディアが飛びつきやすく、それ故、多くの人に拡散され再生産されやすいという構造があります。たとえ研究者・開発者本人が地道な科学的方法論に則って研究開発していたとしても、科学的方法論とは無縁な劇場型ショービジネスの舞台に意図せず引きずり出されてしまうこともしばしばです。そのような構図が起こりやすい理由は、ずばり、**日本（の特にメディア）に技術成熟度（ＴＲＬ）の概念が決定的に欠如しているから**、ということができます。

技術成熟度（**ＴＲＬ**：Technology readiness level）という指標は、もともと米国宇宙局（ＮＡＳＡ）が提唱したもので、最近では気候変動の分野でも、ＩＰＣＣの報告書にも使われているものです。気候変動や環境分野のＴＲＬに関して日本語でわかりやすい情報としては、環境省からその名も『ＴＲＬ計算ツール利用マニュアル』という資料が公表されています[39]。そこでは図3-3のようにレベル１〜８のＴＲＬが整理されています。このように、政府も地道にいい仕事をしているのですが、こういう地道ないい仕事ほど、メディアは全く注目してくれないという傾向が日本にはあるようです。

ちなみにＩＰＣＣでは、第３作業部会（ＷＧⅢ）の報告書[40]のなかでＴＲＬに言及してい

アウトプット	実験環境	フェーズ
最終製品／最終地域モデル	–	量産化／水平展開
	実際の導入環境	フィールド実証
実用型プロトタイプ／実用型地域モデル	実際に近い導入環境	模擬実証
限定的なプロトタイプ／限定的な地域モデル	実験室・工場	実用研究
主要構成要素の試作部品／試験的モデル	–	応用研究
報告書・分析レポート等	–	
論文・報告書等	–	基礎研究

（技術成熟度）の定義一覧（文献[39]）

ますが、これは日本語訳が出ている要約版では登場せず、3000ページ超のフルレポート原文にしかありません（同資料P.1648）。やはり言語ギャップのせいか、日本ではとても知名度が低いようです。環境省では**図3-3**に見るとおり、基本原理の明確化（TRL1）から最終製品（TRL8）までの8段階のTRLが定義されていますが、IPCCではさらに商業化後の普及度も含めた11段階のTRLが定義されています。

なお、このTRLについて日本語でネット検索をすると、「技術成熟度レベル」でのヒット件数は2100件、そのうちNews（報道ページ）で絞り込むと26件しかありませんでした。ちなみに「TRL+技術」でNews絞り込みでは29件となります（本書執筆時点）。しかも検索結果は専門誌や広報誌ばかりで、テレビニュースや一般紙での検索結果は0件でした。

なるほど……。最近、新聞やニュースで「○○で脱炭素社会を実現できる！」というような、報

レベル	定義	開始時の状況
8	製造・導入プロセスを含め、開発機器・システムの改良が完了しており、製品の量産化又はモデルの水平展開の段階となっている。	最終製品／最終地域モデルの性能の把握
7	機器・システムが最終化され、製造・導入プロセスを含め、実際の導入環境における実証が完了している。	実用型プロトタイプの実環境での性能の確認
6	機器・システムの実用型プロトタイプ／実用型地域モデルが、実際の導入環境において実証されており、量産化／水平展開に向けた具体的なスケジュール等が確定している。	実用型プロトタイプの基本性能の把握
5	機器・システムの実用型プロトタイプ／実用型地域モデルが、実際の導入環境に近い状態で実証されており、量産化／水平展開に十分な条件が理論的に満たされている。	限定的なプロトタイプの性能の把握
4	主要な構成要素が限定的なプロトタイプ／限定的な地域モデルが機器・システムとして機能することが確認されており、量産化／水平展開に向け必要となる基礎情報が明確になっている。	試作部品／試験的モデルの性能の把握
3	主要構成要素の性能に関する研究・実験が実施されており、量産化／水平展開に関するコスト等の分析が行われている。	主要な構成要素の機能の確認
2	将来的な性能の目標値が設定されており、実際の技術開発に向けた情報収集や分析が実施されている。	要素技術の基本特性の把握
1	要素技術の基本的な特性に関する論文研究やレポーティング等が完了しており、基礎研究から応用研究への展開が行われている。	基本原理の明確化

図3–3　CO_2排出削減対策強化誘導型技術開発・実証事業におけるTRL

道なんだかヨイショ記事なんだかステルス広告なんだかわからない記事を多く見かける原因が、どうやらここにありそうです。それらの技術の多くが、ＴＲＬ１～５程度にすぎません。本来、これは静かに温かく見守るレベルであり、華々しく報道されるべきものではありません。これはまさしく、メディア関係者のなかでＴＲＬが全く浸透しておらず、それ故、数多ある萌芽的技術をテキトーにつまみ食いしてるだけなのでは……？　あるいは社内・局内にその分野の目利きの人がおらず、巧妙な売り込みに引っかかっちゃってるだけ……？　そのような気がします。

特に萌芽的な技術ほど、「コレで未来は薔薇色！」的な楽観情報ばかりが優先されがちですが、報道であるからにはTRLがどのレベルかもきちんと評価し、それを提示することも重要です。1・4節で議論したとおり、脱炭素は国際的には「決定的な10年間」が叫ばれており、「夢のような技術」に賭けて問題を先送りしてよい段階ではありません。むしろ「夢のような技術」は、いままでサボりにサボっていて借金を抱えるお父さんが「次は絶対勝つから！」といって、さらなる馬券を買うためのお金を無心する口実に使われやすい……という構図が存在することを私たちは認識しておくべきでしょう。

さて、ここまで肝心の本節のタイトルである「再エネは未成熟？」に対する答えがペンディングになっていました。しかしこの答えは、このTRLという指標さえ知っていれば簡単です。風力発電や太陽光発電は、すでに実用化され商品化され大量生産されているという点で、TRL8（IPCCの定義では9以上）です。これがシンプルな答えになります。**再エネはすでに成熟した技術なのです**。

もちろん、風力のなかでも特殊な形状をした風車や指示構造の中にはTRLが低いものもあり、英語論文ではこのような技術に対してTRLを明示的に申告したり第三者的な評価を行なう論文もあります。太陽光もペロブスカイトなど、新しい技術でまだＴＲＬが低い段階のものもあります。しかし、多くの風車や太陽光パネルはすでに実用化され商品化され大量生産され、市場で売られているものなのです。

もちろん、ＴＲＬ８だからといって全てが完璧で問題点が一つもないというわけではありません。ガソリン車やジェット機、スマホなどの他の工業製品を思い出してみるとよいでしょう。それが大量に普及する時点で新たに引き起こされる問題もあります。しかし、わずかでも問題が発生するたびに「○○は日本に要らない！」と声を上げるのならば、ガソリン車やジェット機、スマホも日本から出ていけ！と主張しないと整合性がつきません。結局のところ「俺が気に入っているか」「私が知っているか」どうかだけで判断基準が決まるダブルスタンダードにしかすぎないのです。特に新規技術は萌芽的な段階ではもてはやされ、それが商業化され始めた段階では手のひらを返したように厳しい評価が加えられる（場合によってはアンチが増える）のは、どの分野でも見られることです。それは、ＴＲＬが高まるにつれ既存技術に関わる人たちが脅威を覚え、イノベーションを起こす能力を持たない企業ほど将来のライバルの芽を摘むという行為に出るしか勝ち目が見えないからです。これは1・6節で紹介したディスラプティブ・イノベーション（破壊的革新）とインクリメンタル・イノベーション（漸進的革新）の関係にも相当します。そして、ディスラプティブ・イノベーションは、決して「夢のような技術」ではなく、意外とローテクだったりシンプルだったりするものも少なくない、ということも1・6節で見たとおりです。

イノベーション理論や産業育成論でも、「魔の川・死の谷・ダーウィンの海」という表現で、技術の社会実装における3つの乗り越えなければならない壁がしばしば語られます。「魔の川」は研究から製品開発に移行する際の壁で、TRL4〜6に相当するといえるでしょう。「死の谷」は製品開発から事業化の間で発生する障壁であり、TRL6から7への移行期にあたります。「ダーウィンの海」は、一企業の事業化から市場・産業化へと発展するために乗り越えるべき壁で、TRL8以上（IPCCの定義では9〜11）に関連します。

そしてTRL8以上で新たな問題が発生した際は、往々にして技術そのものの問題というより、規制や法制度の問題、つまり「ものづくり」ではなく「しくみづくり」のフェーズになります。しくみづくり（社会科学的解決）を議論せずに、ものづくり（技術的解決）だけで無理に突破しようとすると、これから「ダーウィンの海」に漕ぎ出そうとする技術にものすごく辛くなりがちで、結局のところ社会コストを増大させます。特に新しい技術を社会実装する際には受け入れ側の社会を変えなければならないケースも多く、受け入れ側の社会を変えないまま古い考え方で新しい技術を無理に導入しようとすると、かえって高コストになりがちです。

3・2節で詳細に分析した統合コストや過剰な蓄電池の条件がまさにその好例といえるでしょ

う。むしろ、新しい技術を導入させないために、無理に古い考え方を援用して見かけ上高いコストに見せている戦略なのかもしれません。

メディアも含め、産業界の意思決定層も市民も、多くの方がＴＲＬという指標およびその概念を共有できるようになると、「夢のような技術」に過度に期待せず、それを隠れ蓑に問題解決を未来に先送りせず、今あるプルーブン（確立された）技術、すなわち風力・太陽光の大量導入によって「決定的な10年間」に間に合うように脱炭素を「急ぐ」という国際動向も理解されることでしょう。そうすることによって、現在日本が危機的状況にあるということも多くの人々に認識されるようになり、日本が進むべき道（科学的最適解）も自ずと示されるでしょう。

コラム2

海外ではビーガンむっちゃ流行ってるんですけど…

私のSNSやコラム[41]を読んだことがある方ならすでにご存じだと思いますが、私は30年来のベジタリアンです。

ここ数年、欧州や北米ではビーガン（ベジタリアンのなかでも厳格に乳製品や卵、蜂蜜など動物性食品を一切取らない食習慣）もむちゃむちゃ流行ってます。しかも、特に若い人々の間で。なぜかというと、それが気候変動対策になるからです。

欧州の同年代の仕事仲間にも、「若い人と会食する際は、必然的にビーガン」という人は結構います。この話を欧州や北米の人にすると「私もです」「わかる」という答えがほとんどです。ここ数年の私が出席した国際会議では、懇親会の食事がフルベジタリアンメニューになっている会議も少なくありません。世界中のさまざまな宗教や食習慣、食事制限などを持つ人々が集まる会議では、ベジタリアンオプションが最も無難な選択肢、という考え方になります。もちろん、万一「アレルギーや思想信条の理由で肉類しか食べられない！」という方がいれば、特別食もちゃんと用意されていることでしょう。これがもはや多くの国際会議における国際標準です。

世界中の人たちの間でビーガンが流行っているのは、科学的根拠があります。例えば、IPCC第6次評価報告書（AR6）第3作業部会（WGⅢ）の資料［40］でも、以下のように明示的に述べられています（筆者仮訳）。

カロリーや動物由来食品の過剰消費をしている地域において、動物由来の食品や不健康な食品（中略）を減らして多様性を増しながら、プラントベース（植物由来）のシェアを高くするような食事習慣の変化は、伝染病以外の食習慣由来の死亡を減らし、健康や生物多様性、その他の環境的相互便益（コベネフィット）をもたらすだけでなく、（気候変動に対する）緩和と適合に便益をもたらす。（P．799）

食習慣の変化、特に肉の消費を減らし、果物や野菜の消費を増やすことは、早期死亡を減らすだけでなく、温室効果ガスの排出を減らすことに貢献する。（P．1510）

しかしながら、これらの文章は、IPCC・AR6・WGⅢの資料でも3000ページ超にも上るフルペーパー（本文）の中にしか書かれておらず、日本語訳が出ている政策決定者向け要約（SPM）や技術要約（TS）には登場しません。したがってまたしても「世界中の誰もがネットで読めるのに、日本の人にはほとんど知らされていない」という「ふんわり情報統制」の状態となっています。

日本ではベジタリアンやビーガンはまだまだマイノリティのようで、私自身もベジタリアンやビーガンに対する偏見や揶揄・誹謗中傷を日本ではかなりの確率で受けます。「ビーガンって、なんか極端な思想の人でしょ？　肉屋を襲撃したり」とか。もちろん、ネットで検索すれば、なかにはビーガンの人で過激な思想を持ち、肉食をする人を攻撃する発言もゼロではないでしょう。しかし、個人的体験に基づく感覚的な確率としては、不運にも過激思想のビーガンの人にリアルで遭遇してしまう確率は、ベジタリアンに対して偏見を持つ人に遭遇する確率の100分の1くらいだと思います。

もしかしたら言った本人は気の利いたジョークなのかもしれませんが、他人の習慣や嗜好に対して冗談でも揶揄や誹謗中傷を公の場でする人は、海外では差別主義者だとみなされ、仕事や雇用にも支障が出ることでしょう。私自身、日本以外でベジタリアンに対する偏見や揶揄・誹謗中傷には一度も遭遇したことがありません。

日本でベジタリアンやビーガンの話をすると、「畜産業に携わってる人たちが困る！　日本の農業を破壊するのか？」という反論もよくいただきます。しかしこれは、3・1節でつぶさに観察した、0か100かの極端思考にほかなりません。IP

CCをはじめ、世界中の研究者や国際機関が言っているのは「肉を食べるな」ではなく「肉を減らしたほうがいいよ（特に過剰に肉を摂取している人は）」です。

日本でも、スーパーで売っている安い肉の多くは海外から輸入された大量生産のものです。このような大量生産の食肉の多くは、土地に大きな負荷を与え、温室効果ガスを過剰に排出している可能性があります。逆に日本の和牛に代表されるような生産者が丁寧に伝統的な手法で家畜を育成している農産物の多くは温室効果ガスの排出が少なく、むしろ高付加価値商品としてアピールする絶好のチャンスにもなり得ます。

0か100かの極端思想で「明日から絶対にお肉を食べない！」「お前も肉を食べるな！」ではなく、古くはビートルズのポール・マッカートニーの「ミートフリー・マンデー」（月曜日だけ肉を食べるのをやめよう）のように、少し（ずつ）無理なく減らす、という考え方もあります。「ゆるベジ」なんて言葉もあります。私も、特に禁欲とか思想信条でベジタリアンを30年もやってるわけでなく、基本的に食いしん坊でグルメで、世界中の多様なベジタリアン料理を楽しんでます。

気候変動対策は、みなさんの日々の行動、特に食生活や買い物から始めることもできます。適切な科学的情報を集めながら、そして、無理せず楽しみながら。

第4章
再エネ普及に蓄電池は必要？

本書ではこれまでの章で主に技術よりも社会科学、「ものづくり」よりも「しくみづくり」に重点を置いて論じてきました。これは決して、技術やものづくりは二の次でよいという意味ではありません。技術もものづくりも重要です。私自身、博士号を電気工学の分野で取得しているため、専門分野はエンジニアリングに分類されます。しかしながら、現在の日本においてあまりにも技術やものづくりが神聖視され、相対的に社会科学やしくみづくりが軽視される風潮があるのではないかという危惧から、あえて社会科学やしくみづくりの方法論についてまず先に取り上げた次第です。

というわけで、ひととおり社会科学やしくみづくりの話をしてきたので、ようやく本章以降で技術の話に深く分け入ります。本章では、今日本でブームといっても過言ではない**蓄電池（バッテリー）**を取り上げます。

……といっても、最初から種明かししますが、蓄電池は本章においてタイトルロール（タイトルに登場する役）ではあるものの、実は脇役にすぎず、タイトルに現れない陰の主役は、**柔軟性（フレキシビリティ）**です。柔軟性は3・3節において一瞬だけ登場しましたが、さしあたり簡単にいうと日本でよくいわれる「調整力」の上位概念だと思ってください（定義と具体的な説明は4・1節後半で詳述）。そして、脇役の蓄電池がものづくりのモノである一方、柔軟性はモノではなく、概念、すなわちしくみを指す言葉です。技術の話をしても、やはりしくみづくりが登場します。

4・1　なぜ日本は高いものから手を出すのか？

今や、日本では、そして世界でも蓄電池ブームです。米国カリフォルニアでもテキサスでも、オーストラリアでも電力用大規模蓄電池（系統蓄電池）や蓄電所の投資・建設がものすごい勢いで進んでいます。日本でも系統蓄電池への投資が進んでいます。

ひところ「いつやるの？」「今でしょ！」というセリフが流行りましたが、蓄電池に関して

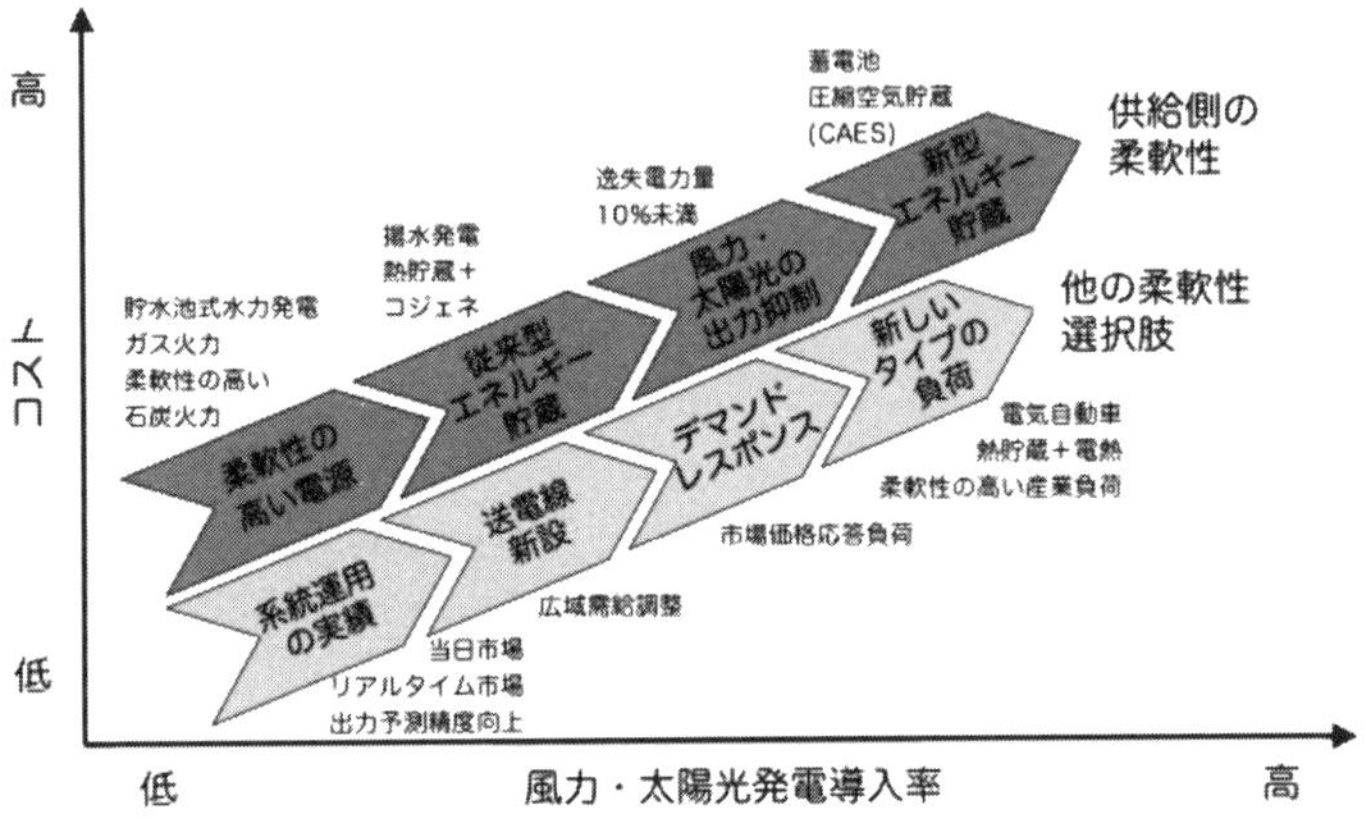

図4-1　IEAの専門会合による柔軟性導入の優先順位 [1]

は、少なくとも日本では、「いつやるの？」と問われたら私は「ほんまに今でっしゃろか？」とあえてツッコミを入れたいと思います。なぜ、猫も杓子も蓄電池ブームの今、このような天邪鬼的な発言をしなければならないのか、やはり国際機関の報告書を援用しながら、日本を覆う「ふんわり情報統制」の殻を破っていきたいと思います。

「蓄電池、いつやるの？」に対する科学的な解は、やはり国際機関報告書に書かれています。国際機関は各国から資金や人材の提供を受けるだけでなく、その分野の各国の情報が世界で一番集まる情報のハブなので、国際機関報告書には、自然環境や制度設計が異なる世界各国の知見や経験がまとめられています。**図4-1**は国際エネルギ

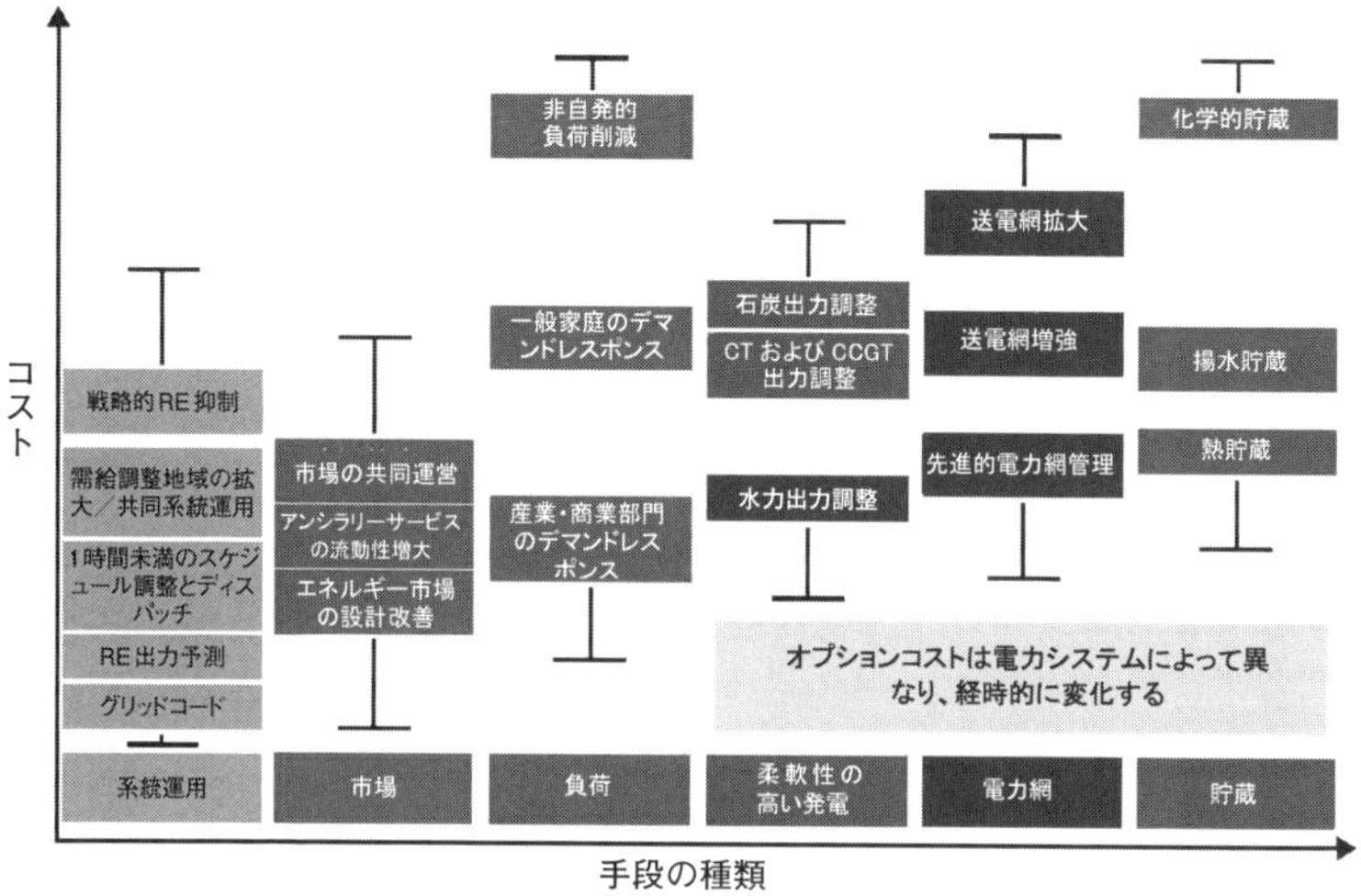

図4-2　IRENAによる柔軟性の累計とコスト [2]

ー機関（IEA）の専門会合が一般向けにわかりやすく情報をまとめたリーフレット、**図4-2**は国際再生可能エネルギー機関（IRENA）の報告書から引用した図で、いずれも幸い日本語版が公開されています。

これらの図は、柔軟性の選択肢とその順序をわかりやすく示した概念図です。ここでは、**図4-1**と**図4-2**の個々の細かい点については説明せず（このあとの**図4-3**のところで詳しく説明します）、単純に見た感じで①柔軟性を提供する**選択肢はいろいろある**、という点を感じていただければOKです。

日本では「再エネは不安定で、その調整のためには火力や蓄電池がたくさん必要になる」という主張が多く流布しています。同じく、「再エネにはバックアップ電源が必要！」とか「蓄電池がないと再エネは入らない！」という主張も日本ではいまだに根強いです。

しかし、結論からいうとそれらは時代遅れの古い考え方です。20世紀に一生懸命勉強したかもしれないけれど、21世紀になって勉強を怠ってすっかり新しい技術について行けなくなったおじさんたちが、もしかしたらこういう主張をしているのかもしれません。しかし、柔軟性という、21世紀になって特に国際機関を中心に議論が進んだ新しい時代の新しい概念を用いると、その選択肢は、図を一瞥しただけでわかるとおり、相当に多いことが理解できるでしょう。

図からは、**②蓄電池（化学的貯蔵）の場所（選択の順序）が両図とも右上（最もコストが高い位置）にある**という点も読み取れます。そうです、蓄電池は数ある柔軟性供給の手段の一つにすぎず、しかも一番コストが高いのです（正確には、図には描かれていない水素貯蔵や水素発電がもっとはるかに高いのですが）。最近でこそ蓄電池のコストは劇的に低下しつつありますが、それでも他の手段に比べたらまだまだ高いケースも多いです。

一方、図には柔軟性を供給する他の手段として、熱貯蔵やコジェネが挙がっています。熱貯蔵やコジェネは日本でもすでに導入、設置されています。しかし、日本では、これらは柔軟性供給の手段として使用されていません。すでに設置されているので、費用が安く抑えられるにもかかわらず、です。日本では、もの づくりだけを重視するあまり、「すでに設置されていてあまり使われていないものを使う」という考え方に至らず、むしろこのような考えは排除される傾向にあります。それ故に技術的な話のなかでもやはりしくみづくりが肝要となります。

実際、国際機関の報告書でも「（蓄電池を含む）**エネルギー貯蔵は最初に検討する選択とはならない**」[3]とはっきり明言されています。これは蓄電池が大好きな多くの人にとって、軽くショックな事実かもしれません。「エネルギー貯蔵は最初に検討する選択とはならない」のは、理由は簡単で、**図4-1**や**図4-2**に見るとおり、単純に他のより安い選択肢が豊富にあるからです。

柔軟性はここ10年以上国際的に盛んに議論されている新しい概念です。このような概念をいち早く敏感に察知し、**図4-1**や**図4-2**のような概念図が頭の中に入っている人であれば、「蓄電池は最初の選択肢ではない」と聞いても、「そうね」とすんなり納得できるでしょう。しかし、柔軟性という概念を知らされていない人や新しい考え方を頑なにアップデートしようとしない人ほど、「そんな馬鹿な！」と日本特殊論を持ち出して国際動向をまず否定するところから始めたがります。これは電力技術にある程度詳しい人ほどむしろ陥りやすい傾向かもしれません。3・1節でいみじくも述べたように、世界中の多くの科学者の合意で蓋然性が高いとされている最先端の科学的知見に対して、十分な根拠提示もせず個人的思いつきの見解を優先させる勇ましい断定調のパターンは、特に日本でよく見られます。まさに科学技術絶対視と科学的方法論の無視は双子の兄弟です。

4・2 「調整力」の呪縛：再エネ大量導入の鍵となる柔軟性とは何か？

さて、ここまでは柔軟性とは何かについて詳しく説明せずに、まずは柔軟性のなかの蓄電池の立ち位置を先に紹介しましたので、ここでようやく柔軟性の具体的な説明に入りましょう。

柔軟性は、先にもお伝えしたとおり、「調整力」の上位概念（アップデート版）です。調整力は伝統的な電力工学用語で、政府の審議会資料やメディアでもよく登場しますが、これは出力を調整できる能力を意味します。そして「調整力」というと火力発電や揚水発電、さらに蓄電池などのモノが日本の多くの方の頭に思い描かれるかと思います。一方、柔軟性という新しい用語は、従来の調整力も含みますが、そのアップデート版であるため、それ意外にもさまざまな選択肢や視野が出てきます。より専門的に説明すると、柔軟性はＩＲＥＮＡによると、**「全てのタイムスケールで需要および供給の不確実性を信頼度高くコスト効率的に管理する電力システムの能力」**と定義されています[4]。ここで、３・１節で登場した不確実性が言及されている点が重要です。また、この不確実性は再エネ（供給側）だけでなく、送電設備や需要側からも供給できるという基礎的理解も重要です。

また、柔軟性の具体的な供給源としては、ＩＥＡによる分類では、

①調整可能な電源
②エネルギー貯蔵
③連系線
④デマンドサイド（需要側）

が挙げられます［5］。

図4-3はＩＥＡが２０１１年の報告書で提案した、柔軟性の選択肢と選択の手順を示した概念図です。まずはこの図のステップ１に記載された柔軟性供給源（リソース）の分類を詳しく見ていきましょう。

まず、①の**調整可能な電源**は、一般的には火力発電がすぐに思いつくかもしれませんが、実は水力発電も調整可能な電源です。私は大学で発電工学や電力システム工学などの専門講義を担当していましたが、電力工学の教科書的には水力発電は火力発電よりも即応性が高く調整能力が高い電源だとされています。なぜならば、火力発電は出力を調整するのにガスの燃焼や蒸気を複雑にコントロールしなければならないので、瞬時に出力を変化させるのはむしろ難しいのですが、水力発電はバルブやベーンを開け閉めするだけで比較的簡単に調整できるためです。再エネの仲間である水力のほうが、火力より調整能力が優れているという一面があります。こ

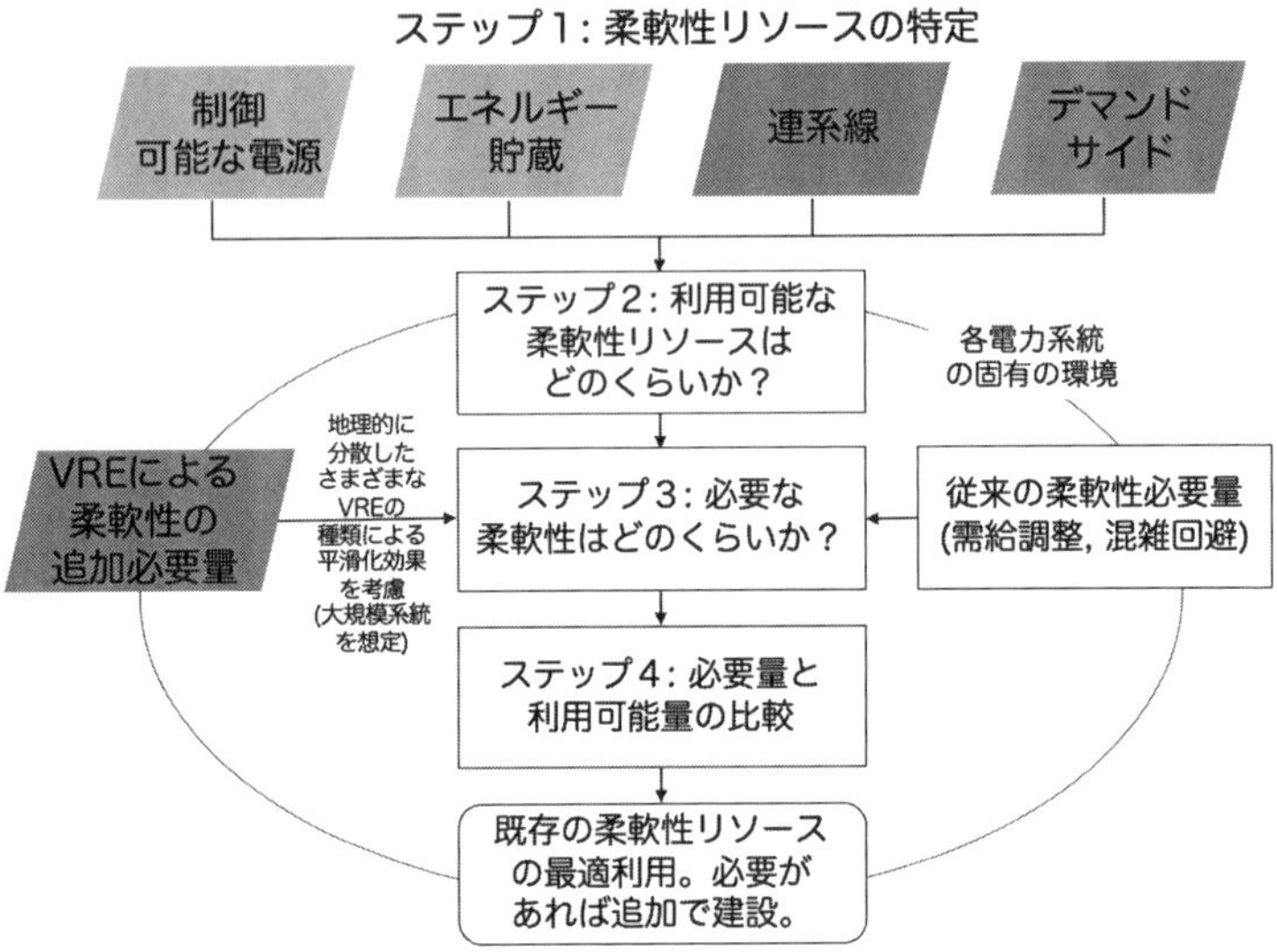

図4–3　柔軟性の分類と選択の順序（文献［5］の図を筆者仮訳）

れは電力工学を学んだ人にとっては常識ですが、一般にはあまり知られていないかもしれません。実際、スペイン北部は水源が豊富で、需給調整に水力発電が活躍しています（5・5節で後述）。

また、このディスパッチ（調整）可能な電源のなかには、コジェネ（コージェネレーション、熱電併給）も含まれます。「なんでコジェネが調整可能？」と思う方も多いかと思いますが、実際に地域熱供給が盛んなデンマークやドイツでは、電気が余ったときにコジェネで熱供給だけ行ない、お湯を溜めておくという極めてローテクかつ低コストな手段により、大きな柔軟性を発揮しています。

また、コジェネは大規模発電所だけでなく、農家の納屋や集合住宅の地下などに設置されている中小規模のバイオコジェネもあります。このような中小規模のコジェネから供給される柔軟性は、1台1台は微々たるものですが、広域に分散した数百基以上のコジェネを遠隔操作で束ねて、あたかも一つの巨大発電所のように見立てた**仮想発電所（VPP）**として数十〜数百MW単位で集約（アグリゲート）する方法があります。そしてその電気を単に電力量（kWh）として市場取引するだけでなく、柔軟性という付加価値の高い「商品」として市場で取引して収益を得ます。このように、電力市場で柔軟性の取引を通じて小規模分散電源や再エネが需給調整に貢献する**アグリゲーター**ビジネスがデンマークやドイツで盛んに行なわれています。そしてデンマークやドイツのコジェネの多くが、天然ガスではなくバイオガスに移行していま す。つまり、再エネが再エネを調整しているのです。

日本でもVPPやアグリゲータービジネスの展開はブームになっていますが、まだまだ技術開発思考で、通信方式やソフトウェア開発のレベルにとどまっているものがほとんどで、市場取引を通じた流通量の活性化などの法令や制度設計レベルの「しくみづくり」の議論はまだまだ低調のように思えます。例えばデンマークではすでに2011年の段階で実証試験が終わっており、商用化され社会実装が完了しています。これらは決して遠い未来の技術ではなく、欧州では10年前から実用化され普通に使われており、既存の技術の最適な組み合わせにより運用されています。これこそが「しくみづくり」によるものですが、「これを買って設置さえすれば万事解決！」という目に見える華々しい「モノ」でないためか、日本ではこのような情報はほとんど注目されません。

②の**エネルギー貯蔵**も、日本であればすぐ蓄電池！という連想ゲームになりそうですが、実は蓄電池だけでなくさまざまな手段があります。例えば揚水発電に関しては、日本は狭い島国なのに相当に大きな既存の揚水容量があります。国際水力発電協議会（IHA）の統計調査によると、狭い島国であるはずの日本は、あの広大な米国を差し置いて堂々世界2位の27TWの容量を誇っています（1位は中国で51TW、3位は米国で22TW）[6]。

揚水も立派な再エネの一つですので、これは本来「日本の再エネ、スゲー」と素直に褒めてあげてよいところですが、なぜかこのような言説は日本スゲー論や日本特殊論が大好きな人たちからもあまり声が上がりません。私たちは蓄電池という新しいモノを新しく導入する前に、揚水のようにすでに設置されている設備を持っているのです。問題は、それを社会全体で有効に活用できるしくみづくりがちゃんとできているか、です。

揚水発電に関しては興味深い個人的エピソードがあります。とある国際会議で、中国の研究者が誇らしげに「我が国の揚水発電の容量は世界一で……」と発表しているスライドに、日本が2位、米国が3位というグラフが提示されたことがあります。それを私の横で聞いていた米国の研究者が、「日本って狭い島国だと思ってたけど、うちの国より揚水があるのですか！素晴らしい！」と感嘆して褒めてくれました。ただし、その続きもあり、「じゃあ、なんで日本で蓄電池が流行ってるの？　再エネまだそんなに入ってないよね？　**なんで日本は高いものから手を出すの？**」と冷静な指摘もいただきました。その国際会議では水力が提供する柔軟性に関するセッションもあるくらいでしたので、参加者は当然ながら図４−１〜３の概念図が頭の中に入っています。

エネルギー貯蔵には、さらに熱貯蔵（温水貯蔵）もあります。デンマークでは温水貯蔵が蓄電池よりも10〜１００分の１程度の低コストで実現できるエネルギー貯蔵装置として多数導入されています[7]。ＩＥＡやＩＲＥＮＡなどの国際機関もエネルギー貯蔵の報告書のなかでこの温水貯蔵について相当のページ数を割いていますが[8][9]、残念ながらこれらはほとんど日本語に翻訳されていません。

エネルギー貯蔵と聞いて温水貯蔵を思い浮かべる日本の方はほぼいないかもしれません。日本ではエコキュートと呼ばれるヒートポンプを利用した家庭用給湯器やエネファームと呼ばれる家庭用燃料電池も普及しており、その多くが小規模ながら貯湯槽を備え、需要ピークの削減に貢献しています。しかしながら、これらの製品の多くは、遠隔監視・制御などのアグリゲーション技術とは十分結びついておらず、夜間電力が安かったひと昔前の設定のまま自動運転を続けているものもあり、問題視されています[10]。現在の日本では、太陽光発電がそれなりに普及してきたこともあり、昼間の電気のほうが安く、夕方がピークになり電力が足りないと叫ばれているにもかかわらず、です。日本では、電気給湯器・エコキュートを電気の需要が少ない昼間に活用すれば、20GWの調整力（柔軟性）を提供できることが研究者の分析により明らかになっていますが[11]、現時点では、すでに設置されている機器が有効に機能していない状況です。これも単に技術やモノではなく、しくみづくりの不備が原因といえるでしょう。さらにエネファームに関しては、この脱炭素時代においても日本ではなぜか天然ガスの消費が奨励され、デンマークやドイツのように**バイオコジェネへの移行がほとんど全く進んでいない**ということも問題です。

さらに、③の**連系線**は発電設備ではないため従来の考え方に基づくと調整力として計上されず、その能力が見落とされがちです。隣接エリアと連系することにより他エリアの柔軟性供給源を広域で管理することができ、結果的に柔軟性の選択肢を広げることになります。また、最新技術の直流送電や交直（交流・直流）変換技術はきめ細かいインテリジェントな制御が可能なので、それ自体で大きな柔軟性の能力を発揮します。日本語で読めるわかりやすい記事[12]もインターネットから無料で手に入りますが、やはりこのような情報も「柔軟性＋直流送電」など正しい専門用語を使って検索しないと、たまたまネットを徘徊していて出会う確率は天文学的に低いでしょう。

④の**デマンドサイド**から提供される柔軟性も、例えば空調や冷蔵・冷凍設備、さらには電気自動車（ＥＶ）の電力市場価格に連動した応答、そしてそのアグリゲーション技術など、将来が期待される分野です。すでに紹介したとおり、②のエネルギー貯蔵（特に温水貯蔵）と密接に関連します。日本ではアグリゲーション技術は盛んですが、それらを応用したしくみである柔軟性の提供（特に市場での取引）に関しては、ほとんど議論が進んでいないように見受けられます。

ＥＶから提供される柔軟性としては、古くからＶ２Ｇ（車から電力システムへ）という技術が研究されています。ＥＶを動かすには電力システムから電気をもらって車載蓄電池（バッテリー）に電気をためなければいけませんが、適切な装置と規格が整備されていれば、その充電のタイミングをうまくコントロールしたり、さらには蓄電池で余った電気を放電して電力システムに戻すこともできます。巨大発電所に比べれば一台一台の車載蓄電池が調整できる量は非常に小さいですが、数百〜数万台ものＥＶをネットワーク化して充放電の遠隔操作や自動制御ができれば、これもＶＰＰとして威力を発揮し、柔軟性を提供することができます。

Ｖ２Ｇは車載蓄電池の充放電によってＥＶが電力システムの運用に貢献するための技術で、萌芽的研究は古くは１９９０年代にまで遡ることができます。当時は理論的・概念的だった研究も、電気自動車の本格的な普及と欧州や北米を中心とする電力市場の整備により、いよいよ現実的なものになってきたのが２０２０年代といえるでしょう。

そんななか、２０２０年12月に日本自動車工業会の当時の会長である豊田章男氏から以下のような発言があったのは、多くの方の記憶に新しいかと思います。

> 全部ＥＶに置き換えた場合、夏の電力使用がピークのときには、電力不足に陥ります。解消には発電能力を＋10〜15％にしなければなりません。これは、原発で＋10基、火力発電で＋20基の規模に相当します。[13]

もちろん、日本国内で売られるＥＶが全てロクな通信機能がついておらず、インテリジェントな充放電制御もできないほどの低品質の製品ばかりが日本に溢れるとしたら、ただでさえ電気が足りず電力価格が高騰する時間帯に何も考えずに充電を始めてしまう人たちが続出して、電気が足りなくなってしまうかもしれません。

しかし、本節で取り上げた柔軟性という概念を知っていれば、そしてそのような新しい技術やしくみを開発する能力を自負する会社であれば、ＥＶが電力不足を引き起こす迷惑なものであるという考え方ではなく、柔軟性を提供してくれる選択肢が増えるという考え方になります。これこそが本来のイノベーションの源泉です。

もしかしたら、この自動車業界のトップの方はＶ２Ｇという技術や柔軟性という概念が世の中に存在するということを知らなかったのかもしれません。あるいは百歩譲って、忙しい自動車業界の人が電力の最先端の動向を知らなかったとしても仕方ありませんが、組織のなかで誰もそれを耳打ちしてくれる人がいないとしたら、それはその組織全体の情報収集能力の問題であり、危機管理の問題にまで発展することでしょう。

このことは、最近日本でにわかに沸き起こっているデータセンターによる電力需要増加の予測についても同様です。例えば日本の新聞記事では、

> 太陽光や風力など再エネは気象条件に左右され、データセンターが動く夜間への電力供給で不安を残す。[14]
>
> 経産省は（中略）今後、原発向け投資を促す制度の詳細設計を進める方向だ。
>
> 経産省が新制度を打ち出す背景にあるのは、膨大なデータ計算が必要な生成ＡＩ（人工知能）などの利用拡大で電力の消費量が大きく増える可能性が出てきたためだ。[15]

という論調がしばしば見られます。これは本当でしょうか？　データセンターについて国際議論がどのように進展しているかを見てみると、例えばＩＥＡは次のように述べています（筆者仮訳）。

> データセンターによって、電力システムに柔軟性を提供しながらエネルギー効率を向上させることができる。エネルギー効率をさらに促進するための指針や優遇措置、基準は各

国政府によって提供することができ、一方、規制や市場価格シグナルは需要側の柔軟性を促進するのに役立つ。[16]

このように、国際機関が述べていることと日本の新聞が書いていることは、ほぼ180度真逆であることがわかります。まさにこれが「ふんわり情報統制」の犯行現場といえるでしょう。

そしてここでも「柔軟性」が登場することが重要です。データセンターは本来、ベースロード的に常に同じ計算量を計算しているわけではありません。ある計算は常時行なったり、必要な時にすぐに行なわなければならないものもある一方、計算する時間帯をずらして好きな時に計算してよいものもあります。例えばビットコインなど仮想通貨のための計算は、特に電力市場の価格が安くなる時間に集中して行なったほうが計算コストも安くなり、わざわざ市場価格が高騰するピーク時間にその計算を割り当てる人はほとんどいないでしょう。

「データセンターが増えるから原発が必要だ！」という意見は、おそらく頭の中が20世紀で止まったまま、ベースロード運転的な思考から抜け出せていないのかもしれません。データセンターによって将来、年間消費電力量（kWh）は増えるかもしれませんが、ピーク需要（kW）はそのまま比例的に増えるのではなく、柔軟にピークシフトできるのです。これは柔軟性の4つの選択肢のうちのデマンドサイドに相当します。しかし、柔軟性という概念が欠落しているとあっという間に「データセンターが増える」→「電力消費が増える」→「ピーク電力が増える」→「原発が必要だ」という、風が吹けば桶屋が儲かる式の発想を始めてしまうのかもしれません。

このような一連の業界トップの発言や経産省の方針は、もうすでに日本の産業界が国際動向についていけるほどの実力も気力も情報収集能力もないと正直に自白し、21世紀の新しい潮流から日本が決定的に脱落しつつあることを象徴しているようです。そして、それに対して批判的に評論するメディアもほとんどなく、むしろ時代遅れな政府の方針に裏も取らずに追従《ついしょう》する記事も出てくる始末……という点も、日本の将来をさらに暗くする要因です。

4・3 「〜しかない」の呪縛

さて、図4-3の柔軟性の概念図には、もう一つ重要な方法論が内包されています。それは図中のステップ1から4にかけて、

（i）柔軟性供給源のポテンシャルがどれくらいあるか
（ii）今現在、利用可能な柔軟性がどれくらい存在するか
（iii）今後どのくらいのVREが導入されるか
（iv）必要となる量と利用可能な量はどれくらいか、必要があればいつまでにどのような

柔軟性供給源を追加するかを評価する手順が明示されていることです。この手順は、**社会コストを最小化し社会的便益を最大化する**という観点から、科学的・合理的に柔軟性供給源が選択されていくという**意思決定の方法論**を示しています。

この図を含む報告書が日本の原発事故と同じ年の2011年に公表されたというのは、一つの歴史的な象徴とも見ることができます。柔軟性の考え方（特に技術選択の方法論）は2010年代から世界の研究者の間で少しずつ広まっていましたが、国際機関の報告書としてまとめられたということは、相当の国際合意ができていることを示します。そして日本では、この報告書の知名度は専門家も含め非常に低く、日本語にも翻訳されておらず、日本はこの国際合意の輪に入れていません。

このように柔軟性という能力を供給するものはさまざまに多様で豊富である（単に火力や蓄電池だけではない）ということを再認識した上で、再度**図4-1**を眺めてみましょう。VRE（風力・太陽光）が徐々に増えるにつれ、段階的にコストが安い手段から取っていくという戦略を見て取ることができます。最初は日本でおなじみの既存の火力による調整力も、柔軟性の手段の一つです。しかし、別の手段もたくさんあります。再エネの導入率が増えるにつれ、揚水発電やコジェネも援用することができます。

日本ではメディアを中心に「もったいない」など悪者扱いされている出力抑制（日本での慣習的な名称は出力制御、詳細は5・5節）も、調整ができるという点では再エネ自身が提供する立派な柔軟性です。「再エネはお天気任せで調整できない！」という主張は日本ではいまだに多いですが、それは単純に20年前の古い言説です。風車や太陽光パネルは、風が吹いたり太陽が照ったりしている限りいつでも出力を下げることができ（専門的にいうと下方予備力を提供可能であり）、**出力抑制は電力システム側から見ると、現時点で立派な柔軟性の供給源でもある**のです。今や再エネ自身が調整をして電力システムに貢献する時代となっており、本来は再エネを推進する立場の人も胸を張ってよい点なのです。

いずれにせよ、出力抑制は、国際的には「必ずしも悪ではない」[17]という認識が一般的であり、おおむね10％程度までなら社会コストを低減するために戦略的に取ることが推奨（または容認）されています。再エネを推進する人たちも、既得権益に陥らず、科学的・理論的に最新の国際動向をウォッチして戦略を立てなければなりません。

さらに、**図4-1**の下段の矢印は、ものづくりのモノを導入するのではなく、しくみづくりによって柔軟性という電力システム全体の能力を高める手段が提示されています。まさに「ザ・しくみづくり」です。幸い、この図に書かれている送電線敷設（の計画）や広域需給調整は、日本でも少しずつ進んでいます。例えば、日本では２０１６年に電力広域的運営推進機関（以下、広域機関）という国が認可した公益的な団体が設立され、広域需給調整や送電線増強計画を担っています。2022年に公表された「広域連系系統のマスタープラン」[18]は、3・2節で紹介したような費用便益分析に基づき将来の送電線増強計画を立案しており、根拠に基づく政策決定（EBPM）の手法を忠実に遵守しています。

半面、図中の当日市場（日本では時間前市場という名称）は、広域機関も「時間前市場に流動性がない」ことを認識しており[19]、この市場の活性化が叫ばれて久しく、市場が正常に機能しているとはいい難い状況です。本来、時間前市場が活性化していれば、必要な調整力は少なくて済むからです。欧州の電力市場では過去10年ほどで時間前市場の取引が活性化し、需給調整市場での取引が減っている傾向が各国で観測されていますが[20][21]、それは柔軟性の市場取引が需給調整市場から時間前市場に移ったことを意味します。古い概念である「調整力」にこだわり、「柔軟性」という新しい概念を頑なに拒むと、このような世界の新しい動きを見落としてしまうことになります。市場設計や市場運用は何かコレを買ってきてビルトインすれば万事解決！というものではありません。「しくみづくり」の議論を日本でももっともっと活性化する必要がありそうです。電気自動車などの新しい負荷（のインテリジェントなコントロール）も、技術偏重の日本ではまだ発展途上です。

そして、これらの手段を取り尽くしたあとに、満を持して登場するのが蓄電池、です。日本は、これらの手段を取り尽くしているでしょうか？　このような国際的な動向を無視して科学的に根拠が乏しい独自路線に邁進していないでしょうか？　私たちは肝心のことを知らされていないまま、「〇〇しかない」と思い込まされていないでしょうか？

取りうる手段は豊富にあるのに、「〇〇しかない」と思い込みが先行し、合理的・科学的な指摘に耳を傾けず、国のトップ層は国家が傾くほどの予算規模の意思決定を行ない、メディアもそれにこぞって賛同して輪をかけた過去の例としては、第2次世界大戦前夜・戦中が挙げられるでしょう。脱炭素の国際動向における日本の現時点での不透明な意思決定とメディアの追《つい》従《しょう》は、なんとなくそれを彷彿とさせます。日本はいったいどこに行くのでしょうか？

4・4　再エネ普及の6段階：導入率に応じた戦略が必要

前節では、柔軟性の定義や分類、技術選択の方法論について簡単に概観しましたが、本節では柔軟性供給源を選択する上で方法論をより詳細に深掘りしていきます。ある技術をいつどのようになぜ選択するかは、単にその技術の技術的成熟性や優位性だけでなく、建設コストや運用コストなどの経済性も考慮して意思決定されなければなりません。

表4-1および図**4-4**に、ＩＥＡが２０１８年に公表した報告書で提案し、その後２０２４

第1段階	電力システム全体はVREによって大きな影響を受けない	低段階
第2段階	電力システムはVREによって軽度もしくは中程度の影響を受ける	
第3段階	電力システムの運用パターンがVREによって決定される。	
第4段階	各時間帯の需要はほとんど全てVREで賄われる	高段階
第5段階	年間を通じて大量のVRE発電超過が起こる	
第3段階	電力の安定供給がほぼ全てVREによってもたらされる	

表4-1　変動性再エネ（VRE）統合の6段階
（文献［22］の表を筆者仮訳）

年にアップデートされたＶＲＥ導入の6段階と移行への主な課題を示します。**図4-4**に見るとおり、ＩＥＡの分類にしたがうと、現段階で第6段階に到達した国・エリアは地球上に存在せず、最もＶＲＥ導入率が高いデンマークとアイルランドが第5段階に到達したばかりです。また、図にはありませんが、地域ごとでは南オーストラリア州が第4段階、イベリア半島（スペイン・ポルトガル）と日本の九州エリアが第4段階、米国カリフォルニア州とテキサス州が第3段階にあります。

現在、米国テキサス州やカリフォルニア州、オーストラリアなどを中心に大型蓄電池が急速に導入されていますが、このような蓄電池の導入が盛んな国や地域は、現在第3～4段階にあるものの、あと10年以内に確実に第5段階に到達させるという政策目標や予測があり、蓄電池はそのための布石であるといえます。

本来、蓄電池が必要になるのは第4～5段階です。日本の北海道とほぼ同等の面積・人口・消費電力量の規模をもつアイルランドでも、大規模な蓄電池の導入なく風力発電の導入率40%

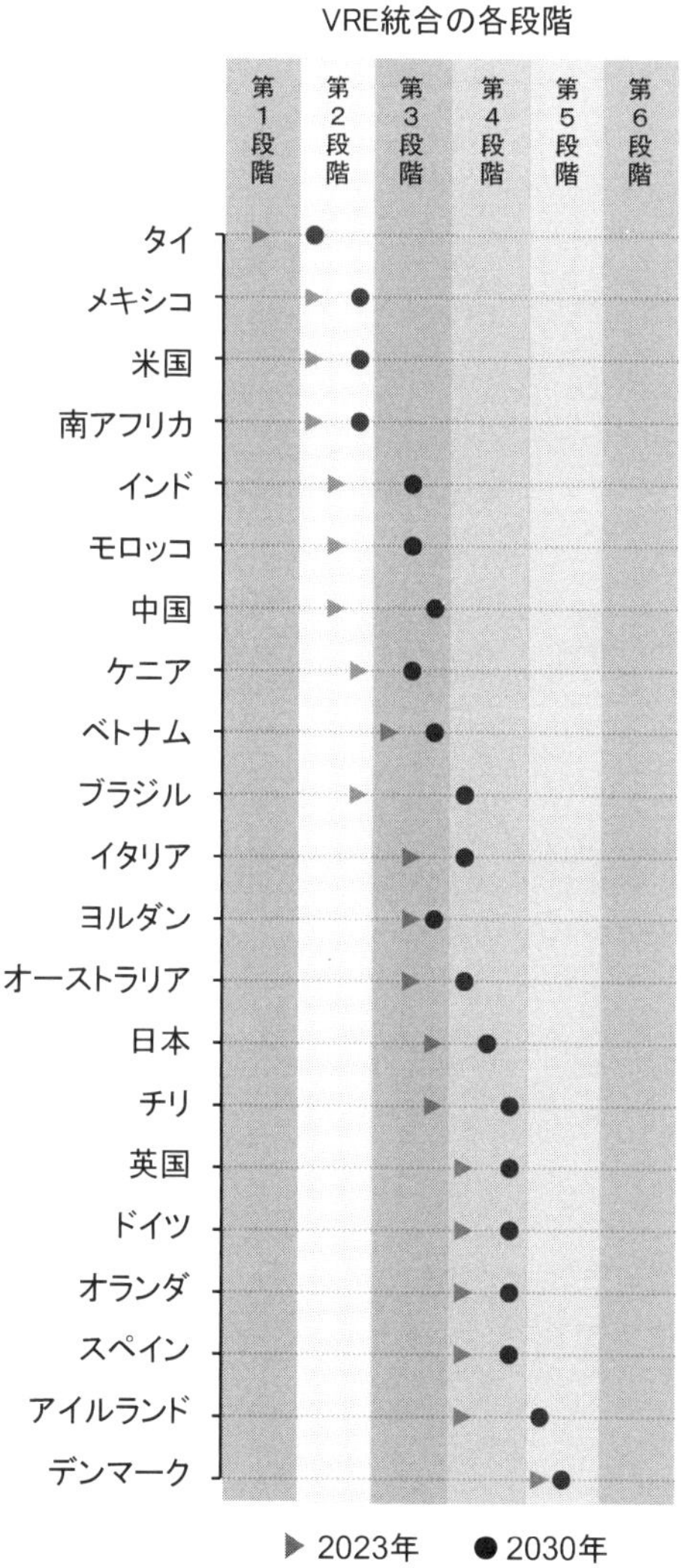

図4-4　世界主要国・地域の再エネ導入率とVRE統合の6段階（文献［22］の図を再構成）

を達成しており、第5段階になって蓄電池がようやく導入されつつあるという点は、とても興味深い事実です。

南オーストラリアはテスラ社製の２０１８年当時世界最大の１００ＭＷ／１２９ＭＷｈという大容量蓄電池システムを導入したため、日本のメディアでも紹介され注目されました。しかし、この背景には過去10年間で石炭火力をほぼゼロにしつつ風力発電の導入率を40％近くに上昇させ、かつ水力発電がほとんどないという、南オーストリア州独自のユニークな自然環境や政策があることは無視できません。テスラ社が事実上世界初の商用大容量蓄電池を、日本でもドイツでもなく、なぜあえて南オーストラリアで手掛けたのか、その背景を考えないと、それをそのまま現在の日本に無理やり当てはめようとしても、大きな問題があります。

図4-4によると、日本は２０１８年の時点でまだ「低段階」に分類される第3段階にすぎず、日本のなかでも太陽光発電の導入が先行している九州でも第4段階に到達したばかりです。**図1-3**および3・3節で見てきたとおり、日本政府の公式な再エネ目標は、２０３０年に36〜38%、２０５０年に50〜60%であり、すでに導入されている水力発電やバイオマスの分を除けばＶＲＥとしては２０３０年に30%程度、２０５０年になってもまだ40〜50%程度にしかすぎません。これらの数値を**図4-4**に照らし合わせると、日本は２０３０年になってようやく第4段階に達するにすぎず、２０５０年でも現在のアイルランドやデンマークと同じ第5段階に到達しない見込みです。

この再エネ導入の6段階を小中高大・大学院・社会人に例えると、大学院に進学して博士号を取ろうとしている隣のお兄さんが超激ムズの高価な専門書を読んでいるのを見て、「隣のお兄ちゃんが頑張ってるんだからあなたもこれで勉強しなさい！」と高校一年生に同じ専門書を与えるのに等しいのです。「ソレ、いまじゃないでしょ！」というツッコミが入らないとおかしいレベルです。

このように日本のとてもとてもとても低い再エネ目標にもかかわらず、本来第5段階で必要となる補助技術が持てはやされ、補助金などで導入が進んだらどうなるでしょうか？　結果的に再エネ大量導入や脱炭素に貢献しないばかりか、国際市場で競争できないガラパゴス技術を再生産してしまう可能性すらあります。これは水素についても同様です。なぜならば、水素の利用は第6段階になってから必要となる技術だからです。

再エネとエネルギー貯蔵に関する国際議論としては、例えば日本語に翻訳されているものだけでも、下記のようなものを挙げることができます。

エネルギー貯蔵は最初に検討する選択とはならない。なぜならば、20％までの適度な風力発電導入レベル（注：発電電力量に対する導入率）では、系統費用に対して経済的な影響は限定的だからである。[3]

エネルギー貯蔵装置は系統全体に対して経済的便益を最大にするために用いる場合に最も経済的になるものであり、単一の電源に対して用いられることはほとんどない。[23]

この結果（注記：エネルギー貯蔵の検討）は系統の柔軟性や電源構成、電源の変動性によって決まるが、導入率が20％以下では小さな離島の系統を除いた全ての系統で経済的に妥当となるとはいえず、導入率50％以上ではほとんどの系統で電力貯蔵が経済的に妥当となる。[23]

風力発電の導入率が電力系統の総需要の10〜20%であれば、新たな電力貯蔵設備を建設するコスト効率はまだ低い。[24]

集合化によっていかなる負荷および電源の変動性も効果的に低減できるような大規模な電力系統において、風力発電専用のバックアップを設けることは、コスト効率的に望ましくない。これは、特定の火力発電所が供給停止した場合に備え専用の電力貯蔵設備を設置したり、特定の負荷の変動に追従するための専用の発電所を設けるのが無益であるのと同様である。[24]

将来的には、電力貯蔵の選択肢も需給調整に役立つ可能性がありますが、その利用は、他の選択肢と比較して費用対効果が高いかどうかによります。[25]

電力貯蔵の利点は、そのコストと比較しなければなりません。電力貯蔵を構築するということは、新たなエネルギーを生成しないものに投資することを意味しますが、実際には電力貯蔵をする際に電力量の一部を無駄にしてしまうことになります。そのため、必要に応じて出力レベルを変更する発電機のほうが、よりコスト効率のよい柔軟性を提供することができます。燃料や水を容器や貯水池に貯蔵することは、現在の貯蔵のなかで最も費用対効果の高い形態です。熱貯蔵もまた、蓄電池よりも費用対効果が高い方法です。[25]

これらの言説は、前節の図４-１や図４-２の柔軟性の優先順位の考え方に呼応するものだということはお分かりでしょう。上記に挙げたもののうちいくつかはまだ蓄電池のコストが高かった数年前の言説ではありますが、その後蓄電池のコストがいかに低下したとしても、他の既存の設備を有効活用せずに新規設備を導入するのは、依然としてコスト効率が悪いことは明らかです。

このように、ＶＲＥの導入の諸段階に応じて必要な対策を講じることが世界のさまざまな国やエリアで蓄積された知見・経験に基づく合理的方法論です。再エネ導入率が低い段階のうちに高い段階の方策である蓄電池を補助金などで市場投入しても、コスト効率が悪く社会全体の総コストを無駄に押し上げる可能性が高いといえるでしょう。３・３節で引用した統合コストという古い考え方を援用し、無理に蓄電池を積み上げる恣意的な試算も、このような国際議論からの乖離の産物だといえます。これは裏を返せば、このＩＥＡの再エネ普及の６段階のような国際動向が頭に入っていないと、日本では導入率がまだ低段階にあるにもかかわらず、高段階で発生する課題を理由にして、ＶＲＥ導入が妨げられたり導入を先送りしたりすることを意味します。

ここで再度誤解のないように念押ししますが、私は決して日本に蓄電池（および水素）が必要ないと主張しているわけではありません。個別に費用便益分析をすれば、現時点でも蓄電池を入れたほうがよいと判断できるケースもあるでしょう。しかし、そのような定量評価を行なわずに「蓄電池しかない」と思い込んでいる（思い込まされている）としたら要注意です。特に現時点ですでに蓄電池や水素の研究やビジネスに携わっている方のなかには、私が提供する情報（個人的主張ではなく国際機関報告書の紹介）に接した瞬間、気を悪くする人もいるかもしれません。実際に私の講演の質疑応答で声を荒げて反論されたこともあります。しかし根本的な問題は、日本のエネルギー政策と産業政策がミスマッチを起こしていることなのです。**このミスマッチは、将来の日本の蓄電池産業（や水素産業）に深刻な影響を及ぼす**リスクもあり、早急にこれを解消させる議論が必要です。

このミスマッチは深刻ではあるものの、それを解消するのは実は比較的簡単です。蓄電池や水素の開発に携わっていたり蓄電池推しや水素推しの人こそ、是非声を上げて「我々の技術でもっと高い再エネ導入率を実現できる！」「我々の技術を社会に活かすためにはもっと高い再エネ導入率が必要だ！」と政府や産業界に対して発信してください。これこそが日本のお家芸である蓄電池や水素技術が国際的に生き残る道になるでしょう。

その反対に、現在の第6次エネルギー基本計画にあるような低い再エネ目標に疑問を抱かず、みんながやってるからとか補助金がつくからという理由だけで十分な科学的根拠なく蓄電池や水素に手を出すと、国際動向から乖離したガラパゴス技術が将来、死屍累々となるだけでしょう。

4・5　再エネを捨てるのはもったいない？――再エネの５つの神話を解体する③

出力抑制（出力制御）は、日本では２０１８年に九州エリアで初めて発生し、本書執筆時点（２０２４年11月）で東北、北陸、関西、中国、四国、九州の６エリアで本格的に行なわれています（ただし年間抑制率が０・１％のエリアを除く。また、離島および沖縄エリアを除く［26］-［34］）。

日本では、２０１８年に出力抑制が行なわれたことが初めて公表されて以来、特に新聞や雑誌などにおいて、例えば以下のような、出力抑制に関する報道があります。

太陽光発電の「出力制御」これでも「主力化」なのか［35］

太陽光の停止 電力捨てない工夫を［36］

燃料費のかからない再エネをあえて「捨てる」のはもったいない気も［37］

再生可能エネルギーを使いきれず無駄にしているに等しく、普及に向けた課題となっている［38］

再生エネ、原発5基分ムダ［39］

太陽光や風力でつくった電気を使わない出力制御が九州地方で深刻化している[39]

全国で頻発する出力制限が首都圏に広がれば、国の再生可能エネルギーの普及計画にも支障が出かねない[40]

出力制御、嘆く再エネ業者　減収、倒産の恐れも[41]

そこで本節では、上記のような「もったいない」「無駄にしている」「普及に向けた課題となっている」「深刻化している」「支障が出かねない」「倒産の恐れも」という日本における出力抑制に対する言説が学術的見地や国際動向からはたして妥当かどうかを検証します。本節は、私を含む研究グループが2024年7月に発表した学術論文[42]の成果をベースにしています。もともと専門研究者向けの固い論文ですが、できるだけ一般の方々にもわかりやすく要点を説明したいと思います。

まず、専門用語の確認ですが、出力抑制は英語で curtailment といい、「利用可能な資源があるのに、通常、不本意的に、電源が出力する量を減少させること」と定義されます[43]。日本産業規格（ＪＩＳ）で定義されている正式な日本語の用語は「出力抑制」なのですが[44]、なぜか日本では政府文書でもメディアでも「出力制御」がもっぱら使われています。きちんとした専門用語があるのに、あえて異なる言葉を無頓着に使う時点で、科学を蔑ろにしているか情報収集能力不足か、またはその両方が疑われるでしょう。政府が使ってるから、今さら変えられないから、という理由でそれを追従する姿勢も、科学とは縁遠いものです。

出力抑制に関して世界各国の状況を調査した学術論文では、世界中の知見や経験を精査した結果、以下のように評価しています［45］［46］。

> 出力抑制は必ずしも「悪」ではない。
>
> 風力発電事業者は、利用可能なエネルギーの一部が出力抑制されたときに上方予備力を提供することができる。
>
> 発電電力量を失うことで、結果的にこれら（注：上方予備力）の価値ある系統サービスを提供することができる。
>
> 風力発電を最適に配分することで、風力発電はエネルギー供給源としてだけでなく、柔軟性や系統サービスの提供者としての役割も果たす。

この学術論文は、私が参加する国際機関の専門会合における国際共同プロジェクトの成果の一つであり、15カ国17人の研究者や送電会社の実務者が参加して調査・分析した結果を示したものです。このような学術的・国際的な出力抑制の評価を認識した上で先に挙げた日本の多くのメディアが語る「もったいない」「無駄にしている」といった言説をあらためて読むと、これらは科学的知見や国際最新動向と大きく乖離していることがわかります。その理由は単純に、4・2節で見たとおり柔軟性に対する理解が日本全体で欠如しているから、ということになります。

太陽光の出力抑制の国際比較をすると、**図4-5**のようになります。図は、横軸に太陽光の導入率（その国・エリア全体の年間消費電力量に対する太陽光の発電電力量の比率）を、縦軸に年間の出力抑制率をとったグラフです。日本では再エネといえば太陽光かのような認識が広く流布していますが、世界の多くの国では風力のほうが先行しているため、太陽光をそれなりに導入し、かつ出力抑制の統計データを公表している国や地域は、私たちの研究グループが調べる限りではまだわずかしかありません。

そのなかで、日本の出力抑制は世界と比べて突出して劣悪で無策か……というと、**図4-5**を見ればわかるとおり、実はそうでもありません。日本のなかで最も出力抑制率が高い九州エリアを見ても、2023年の1年間だけ増えていますが、米国カリフォルニアやオーストラリアに比べ、必ずしも劣悪ではないことがわかります。

図4-6は日本の各エリアの2024年上半期の出力抑制の状況から、同年1年間全体の抑制率を推測したグラフです。九州以外の日本の他のエリアは、比較的導入率が高くなっているにもかかわらず出力抑制は低く維持されており、むしろ他国よりも優秀で良好だという結果となります。日本語だけで情報収集して「出力抑制はけしからん！　日本は無策だ！　日本はひどい状況だ！」と息巻いていた方にとっては、肩透かしを食う事実かもしれません。

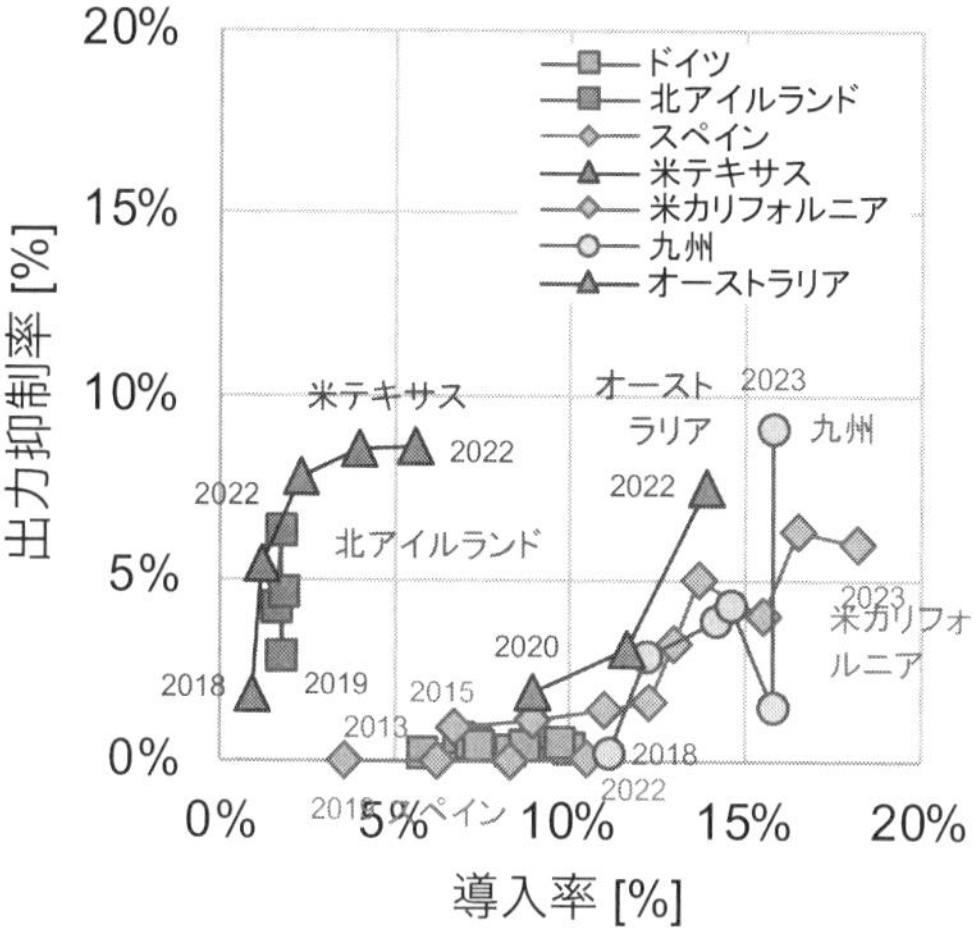

図4–5　世界の太陽光発電の出力抑制率比較
(文献 [47] を基にデータを更新して作成)

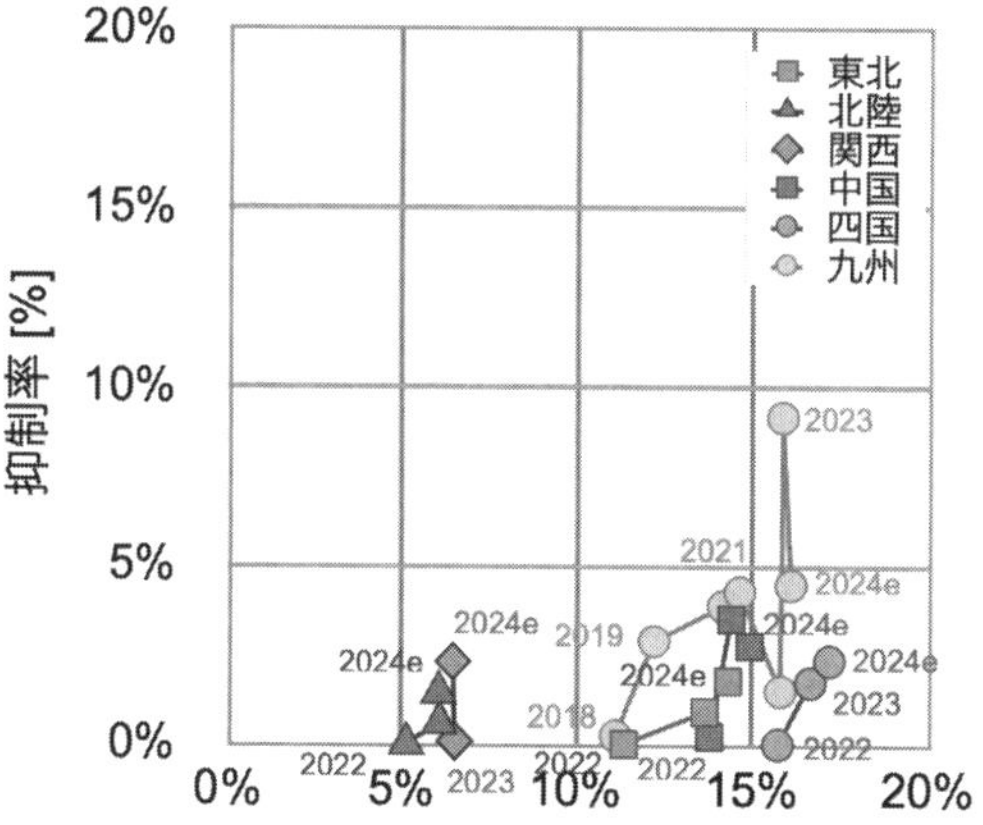

図4–6　日本の太陽光発電の出力抑制率比較
(文献 [26]-[34] のデータを基に作成。2024eは2024年上半期のデータから年間抑制率を推測した)

また、前述のように日本では「倒産の恐れも」という報道がありました。これが本当かどうか検証するために、**累積抑制率**という客観指標を定義し、発電所が運転開始してから累積でどれくらい電気を捨てられたのか?という率を計算してみました。その結果、例えば出力抑制が最も多いとされる九州エリアにある太陽光発電所のなかで、2012年に運転開始したところは1・8％となりました。なぜならば、出力抑制が2018年から開始されたということは、それまで2012〜2017年の6年間はずっと出力抑制がゼロだったことを意味するからです。

2023年に年間抑制率が約9％にも達し、大きな話題になりましたが、仮にこれが過去10年間および今後10年間ずっと続けば累積抑制率も9％になるという計算になります。しかし実際は、その前後の年での抑制率は小さいので（そして2017年以前はずっとゼロ）、発電所の経営という観点から重要な指標となる累積導入率を見る限り、9％よりもずっと小さい数値となり、どうやら倒産の心配はなさそうです。

日本では一般に太陽光発電の損失係数が0・73〜0・85と見積もられており、多くの太陽光発電事業者もこの損失係数を参考にして発電計画やファイナンスを組んでいます。この損失係数の値は、年平均損失率の期待値が15〜27％であることに相当します。つまり、さまざまな事故やトラブルなどの不確実性があっても、15〜27％を下回る累積損失率であれば十分に事業計画時の想定範囲内である、という採算ラインを意味します。

一方、前述の分析のとおり、日本で最も抑制率が高い九州エリアでも年間抑制率は最大で9％であり、累積抑制率で見るとさらに低くなります。他のエリアではなおさらです。採算ラインより大きく下回るのに、なぜ「倒産の恐れも」あるのでしょうか？

さらに統計データ分析を行なったところ、特に小規模太陽光事業者の多くが、適切にメンテナンスや監視を行なっておらず、極めてお粗末な理由で発電電力量を大きく低下させていることが明らかになりました。お粗末な理由とは、パネルを磨いておらずパネル面が曇って効率が低下したとか、単に雑草を刈っておらず雑草の影で出力が低下したとか、パワーコンディショナ（パワコン）の故障に気が付かず、無発電状態を数カ月放置してしまった、などです。

このようなことは大規模な太陽光発電所（いわゆるメガソーラー）や風力発電所ではあり得ないことで、きちんと真面目にメンテナンスをしている小規模事業者もたくさんいます。しかし、統計データとして期待値を取ってみると（不確実性を考慮した確率論的予測です！）、小規模太陽光発電所では、20年間の運転期間での累積損失率の期待値が29・2%にも上ることが明らかになりました。このほとんどが出力抑制ではなく、不適切な管理によるものです。

この数値は太陽光発電事業者の間で一般に想定されている損失係数0・73〜0・85（すなわち年平均損失率15〜27%）の範囲を超え、大多数の小規模太陽光発電所で投資回収ができない可能性が出てくることを意味します。「倒産の恐れ」を本気で心配するのであれば、「出力抑制けしからん！」の前に、まず、パネルをちゃんと磨いたり雑草を刈ったり、発電データを毎日こまめにチェックしましょう、ビジネスとして極めて当たり前のことをしましょう、という基本的な教訓に落ち着きます。

先に引用したさまざまなメディアの出力抑制に関する報道は、科学的な客観的定量評価や国際動向からは大きく乖離していることがわかります。これらの記事を精査すると、十分な客観的根拠を提示せずに恣意的な判断を下す論調が多く見られます。なかには、数字を挙げてはいるものの、科学的・学術的観点からは不適切な取り上げ方でチェリーピッキングしているケースも多く見られます。

出力抑制に関して、不適切な数字と取り上げ方をした代表例としては、

特定の時間だけの抑制電力（kW）を提示する（さらに他の電源容量と比較する）

特定の月だけの逸失電力量（kWh）を提示する

特定の月だけの逸失利益を提示する

特定の月や年間の発生回数だけを提示する

前年との増加率を提示する（前年の実績値がゼロに近い場合、比率は極端に大きくなりやすい）

が挙げられます。本来、出力抑制の客観評価は年間抑制率や、さらには発電所運転開始後の累積抑制率といった指標で定量評価することが望ましいということは、すでに述べたとおりです。そのような科学的客観評価をせず、上記のような特定の量（特に出力抑制が最も多かった月だけ）を取り上げる行為は、出力抑制を恣意的に過剰に見せていることになり、客観的指標とは

ならないばかりか、不安を煽る恣意的な印象論になりかねません。

メディアの話をすると、よく「○○新聞は右だ／左だ」という定義不明の先入観やレッテル貼りをする主張が特にSNSで見受けられますが、私が出力抑制に関する記事を調査する限り、どのメディアにも特定の政治的バイアスは認められず、どの新聞、雑誌、テレビでもほぼ全てのメディアに科学的方法論が著しく欠如した記事が見られます。もちろん、ほぼ全ての**メディアに科学的方法論や国際動向に準拠した誠意のある記事も見ることが**できます。右だ左だの定義不明の先入観は、そもそもそれ自体が科学的ではないのでエネルギー問題を議論する上では全く不要ですが、少なくともどのメディアでも科学的方法論を逸脱せずに報道していただきたいものです。読者も、全て疑ったり全て鵜呑みしたりせず、裏を取りながら是々非々で情報収集することが求められます。

もちろん、他国と比較して出力抑制率が低いから問題がないと安易に判断することは好ましくなく、さらなる出力抑制の低減化のための制度設計の議論は必要です。しかし、少なくとも経済産業省も出力抑制に対して長期的見通しを公表しており〔48〕、「需要対策」「供給対策」「系統対策」など、国際的議論に照らした上でも妥当で合理的な出力抑制低減化の方策が提案されています。これらの方策が適切に導入された場合は、出力抑制は長期的に見ても相当に低減されること（例えば北海道・東北・九州エリアでそれぞれ0％、0・6％、12％）が見通されています。

しかしながら、このような対策ケースが政府から示されていることをあえて取り上げず、わざわざ無対策ケース（例えば北海道・東北・九州エリアでそれぞれ49・3％、41・6％、34％）だけを取り上げるというチェリーピッキングの手法で不安を煽る記事や主張もいまだに横行しています。

「再エネを捨てるのはもったいない」という考え方は、多くの人にとってわかりやすいストーリーではあるものの、近視眼的であり長期的目線が欠けています。再エネを支持する人のなかには、正義感のあまり科学的方法論から逸脱してでも世間の耳目を集めて自分たちの有利な方向に持っていくことを考えている人もいるかもしれません。このような態度を続ける限り、隠れたコストを隠して今だけカネだけ自分だけで将来にツケを回してコストを安く見せようとする従来型発電と同じ穴のムジナになってしまいます。

もし将来にわたって太陽光発電所の経営や投資にリスクを感じるのであれば、無対策ケースの数値を独り歩きさせ印象論的に不安を煽るのではなく、政府の提案方策が遅滞なく適切に進んでいるかをウォッチし、その方策を円滑に進めるためにはどのような制度設計にすればよいかという議論に参加することこそが、今後重要となるでしょう。

出力抑制問題は、少なくとも現時点では、再エネの普及を大きく妨げるようなビッグイシューではありません。そこは本来議論の主戦場ではないのです。あまり重要でない問題に多くの時間と労力を割くことは、たとえ善意や正義感の発露だったとしても、それよりもはるかに深刻な問題から目を背ける結果にもなりかねません。

もったいないとか儲けが減るからという理由だけで出力抑制が悪いものだと思い込み、それを限りになくゼロにすることを目指すならば、再エネ自身が再エネを助ける柔軟性供給源になるチャンスを否定し、「再エネは不安定」「再エネには火力が必要」という古い時代の非科学的言説に加担することと結果的に同じになってしまいます。適度な出力抑制率を維持しながら、それを柔軟性の供給源として賢く使い、かつそれを市場取引を通じて販売して収益を得て、さらに再エネ導入率を高めるにはどうしたらよいか、という建設的な議論こそが重要です。

4・6　日本はむしろ再エネに適している国

本章では、国際的な最先端の議論の場で話し合われている3つのことを紹介しました。それは、電力システムの不確実性や変動性を管理する能力としての「柔軟性」という新しい概念が生み出されていること、その能力はさまざまな手段から得られるため選択肢が豊富にあること、いかにコストの安いものから準備するかが重要、ということでした。このバックグラウンドを認識した上で、第1章の図1-1を再び見返してみましょう。

図1-1では2050年に再エネが約9割に達し、火力発電はわずか2％程度しかありません。これまでの国際動向をウォッチしきれていなかった人ほど「そんなバカな！」と驚愕したり即座に否定したりしやすいことはすでに第1章でも述べたとおりですが、同時に電力工学に詳しい人ほど（正確には中途半端に詳しい人ほど）やはり「そんなバカな！」「火力なしで調整できるわけがない！」と声を上げがちです。

私はこれまで25年以上電力工学に関する研究をしていますが、つい最近までご縁があって経済学部に移籍していましたので（いわゆる文転、あるいは文理融合）、このような情報を日本語で紹介するたびに、SNSなどで「技術を知らない経済学者が何をいってやがるんだ」「そもそも電気とはだな……」という反論をいただくことがありました。私の紹介する情報は私自身の個人的意見ではなく、科学的方法論に基づくコンピュータ・シミュレーションと相当に長い時間を経て合意形成された国際機関の報告書を紹介しているにすぎないのですが、書かれている内容を読まず、所属や肩書きだけでものごとを判断するとそのような暴論になりがちです。

なぜ種々の国際機関が将来、火力発電がわずか数%になると予測をしているかというと、やはりその鍵は柔軟性です。**柔軟性**という新しい時代の新しいキーワードを知っていれば、「なるほど、将来は火力に頼らずさまざまな柔軟性供給源で電力システムの変動性が管理できるのか」と理解することができます。一方、柔軟性という新しい概念を知らずに（知らされずに）「○○しかない」という強い思い込みがあると、「そんなバカな！」と拒否反応を見せるしかなくなってしまうのかもしれません。これもやはり、20世紀には勉強したかもしれないけど21世紀になって新しい情報のインプットをサボっている一部の技術者が陥りがちな傾向です。

柔軟性は火力や蓄電池だけでなく多様な資源から供給できることはすでに述べましたが、実際にどのような設備からどれくらいの能力を供給できるのでしょうか。このようなポテンシャル調査が、私がプロジェクトリーダーになり国際機関の専門会合国際共同調査の一環として行なわれました。この調査は、今から10年以上前の２０１２年に初期のバージョンが学術論文として公表され、さらにその後10年にわたって議論を続け、最新のバージョンが２０２３年に学術論文として公表されました[49]。幸い、最新の学術論文は日本語版も無料で公表されていますので[50]、ご興味がある方はダウンロードしてお読みください。図だけ眺めるだけでも楽しいと思います。以下ではこの論文の要旨をわかりやすく解説します。

柔軟性の供給源は大きく分けて①制御可能な電源、②エネルギー貯蔵、③連系線、④デマンドレスポンスということは４・１節で述べたとおりですが、各国の政府や送電会社が公表する統計データで広く収集可能なものとしては、（ⅰ）水力発電（揚水を除く）、（ⅱ）コジェネ、（ⅲ）ガスタービン、（ⅳ）揚水発電、（ⅴ）連系線の５つになります。より理想的には蓄電池やデマンドサイド（特にＥＶ車載蓄電池容量）もパラメーターに入れたいところですが、各国で統一的な統計データが揃わないため、現時点では限られた国や地域のみで蓄電池も入れた分析を限定的に行なっています。いずれにせよ、この５つの柔軟性供給源のポテンシャル（最大限利用可能な容量）を、５軸のスパイダーチャートで評価したものが**図４-７**に示される**柔軟性チャート**と呼ばれるものです。

図４-７では、例としてデンマークとドイツの柔軟性チャートを示しています。スパイダーチャートの５つの軸は、それぞれある年のピーク容量（１年間のうちの消費電力量の最大値）に対する各柔軟性供給源の容量の比率で示されています（より専門的にいうと、連系線容量は運用容量の年間最大値を採用しています）。これらの柔軟性供給源の全ての容量を柔軟性（調整力）として使い切ることは現実的ではありませんが、柔軟性という能力を最大限発揮できるポテンシャルの評価としては、公表された統計データを基に客観的に評価する指標として最適です。

なお、風力と太陽光の設備容量は円で表されていますが、これはあくまで参考値であり、この再エネ容量以上の柔軟性がないと風力や太陽光が導入できないという意味ではありません。特に風力発電が最大出力となる風が強い時間帯と、太陽光発電が最大出力となる晴天の時間帯が同時にやってくることは確率論的に極めて低いため、どちらか最大の容量に対してある程度

（おおむね3分の1程度）の柔軟性ポテンシャルを持つものが複数あれば、変動性に十分対応できることになります。

このような私を中心とする国際機関専門会合のチームが提案した指標は、ありがたいことにIRENAや米国国立再生可能エネルギー研究所（NREL）にも評価いただき、その報告書

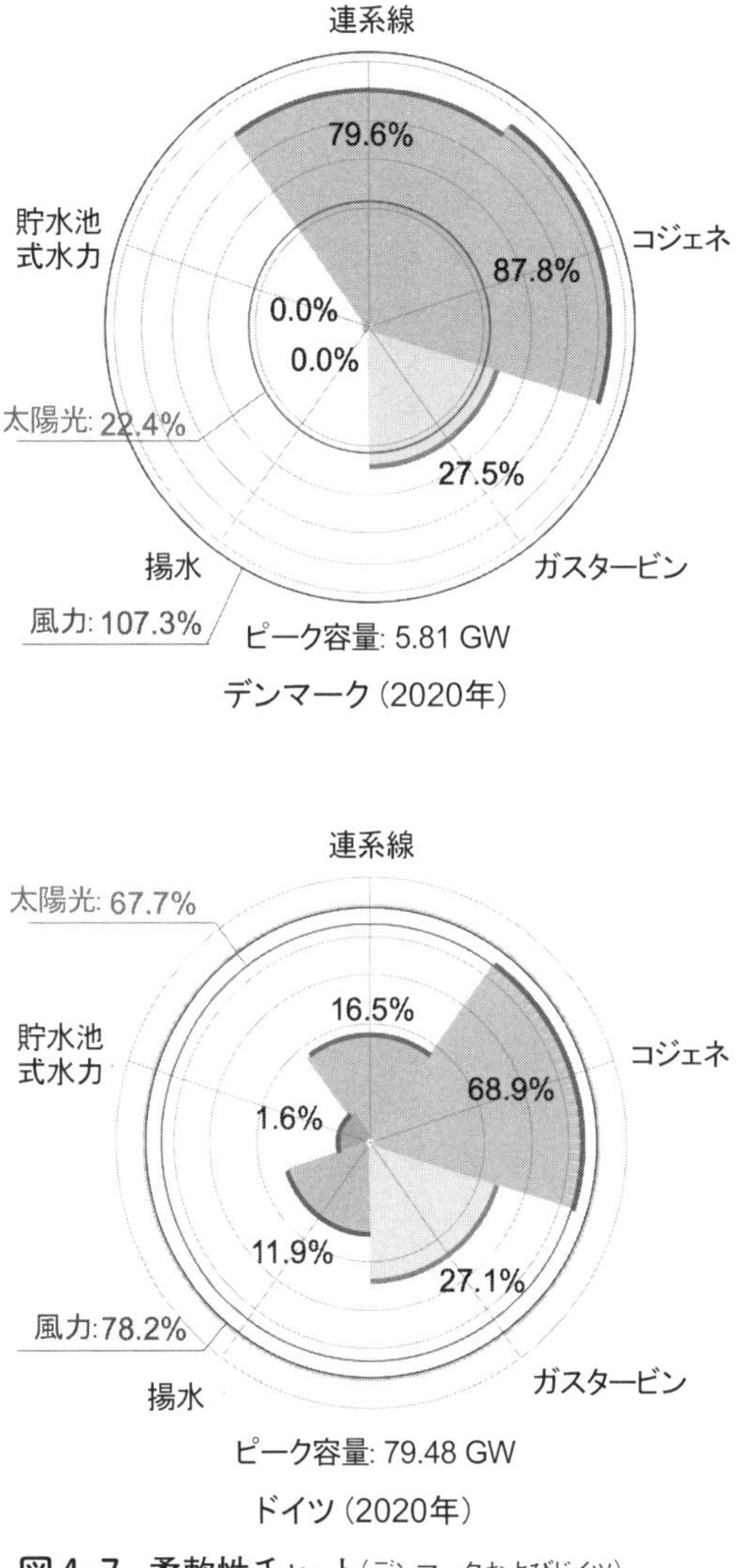

図4-7　柔軟性チャート（デンマークおよびドイツ）
（文献［49］の図より）

に引用・紹介されています[51][52]。もともとこの柔軟性チャートは、専門研究者だけでなくジャーナリストや政策決定者、市民など非専門家にも直感的にわかりやすい（かつわかりやすさを優先するあまり事実を歪めることのない）客観的・定量的手法として開発されたものです。実際に、この評価手法の初期バージョンを10年以上前に公表後、各国の研究者や政府関係者から問い合わせがあり、この評価手法をベースに自国の柔軟性ポテンシャルを評価する報告書や論文が公表されています[53][54]。

さて、**図4-7**のチャートを見ていきましょう。よく日本では「デンマークやドイツは隣国と地続きなので国際連系線が豊富にあって……」という言説を聞きます。純粋に他国の優位な状況を褒め称えるだけならよいのですが、その裏返しで、これらのステレオタイプな言説は、日本にはそれがないから再エネが導入できないという短絡的な（論理飛躍の）連想ゲームになり、日本で再エネを入れないための言い訳に容易に発展しがちです。しかし、**図4-7**のデンマークの柔軟性チャートを見ると、連系線だけでなくコジェネのポテンシャルが非常に多いことがわかります。デンマークが豊富な国際連系線容量を持つのは事実ですが、こればかり過度に取り上げると、もう一つの重要な柔軟性供給源であるコジェネが無視されがちになります。

同じく日本で多いステレオタイプな言説として、「ドイツはフランスの原子力に頼っているから再エネをたくさん入れられる」というものもありますが、これも**図4-7**から単なる思い込みに過ぎないことが明らかになります。ドイツの国際連系線の容量はドイツ全体のピーク電力のうちわずか16・5％しかなく、この国際連系線はフランス以外の国との連系線も含むので、フランスとドイツの間につながっている連系線容量はさらに小さくなります。これは例えて言うならば、プールの水面を調整するために隣のプールとやりとりするパイプが非常に細いことに相当します。もちろん、ドイツの国際連系線も柔軟性供給源として役に立っていますが、重要なのは「〇〇しかない」という考え方ではなく、他のよりポテンシャルの大きい柔軟性供給源も併せ、効果的な組み合わせで使っていることです。ドイツでは、むしろコジェネのポテンシャルのほうが多いことがわかります。デンマークやドイツでコジェネが実際に柔軟性を発揮し需給調整に貢献していることは、すでに4・2節で例示したとおりです。

「ドイツはフランスの原子力に頼っているから再エネをたくさん入れられる」というステレオタイプな言説は、第一に定量的客観的データに基づいておらず、単に思い込みや先入観により成り立っているということ、第二に「〇〇しかない」という考え方に立脚しており、他の選択肢があることを意図的に無視していること、第三に他国の有利な状況を日本ができない（しない）言い訳に短絡的に転化するケースが多いこと、の3点で極めて非論理的・非科学的です。

一方、気になる日本の柔軟性チャートを**図4-8**に示します。図では例として北海道エリアと中国エリアを示します。北海道は個々の柔軟性ポテンシャルはそれぞれあまり大きくないものの、多様な柔軟性供給源を満遍なく揃えており、バランスがよい構成になっていることがわかります。

また、中国エリアのチャートを見ると、非常に興味深い事実が浮かび上がります。「デンマークやドイツは隣国と地続きなので国際連系線が豊富にあって……」というステレオタイプな

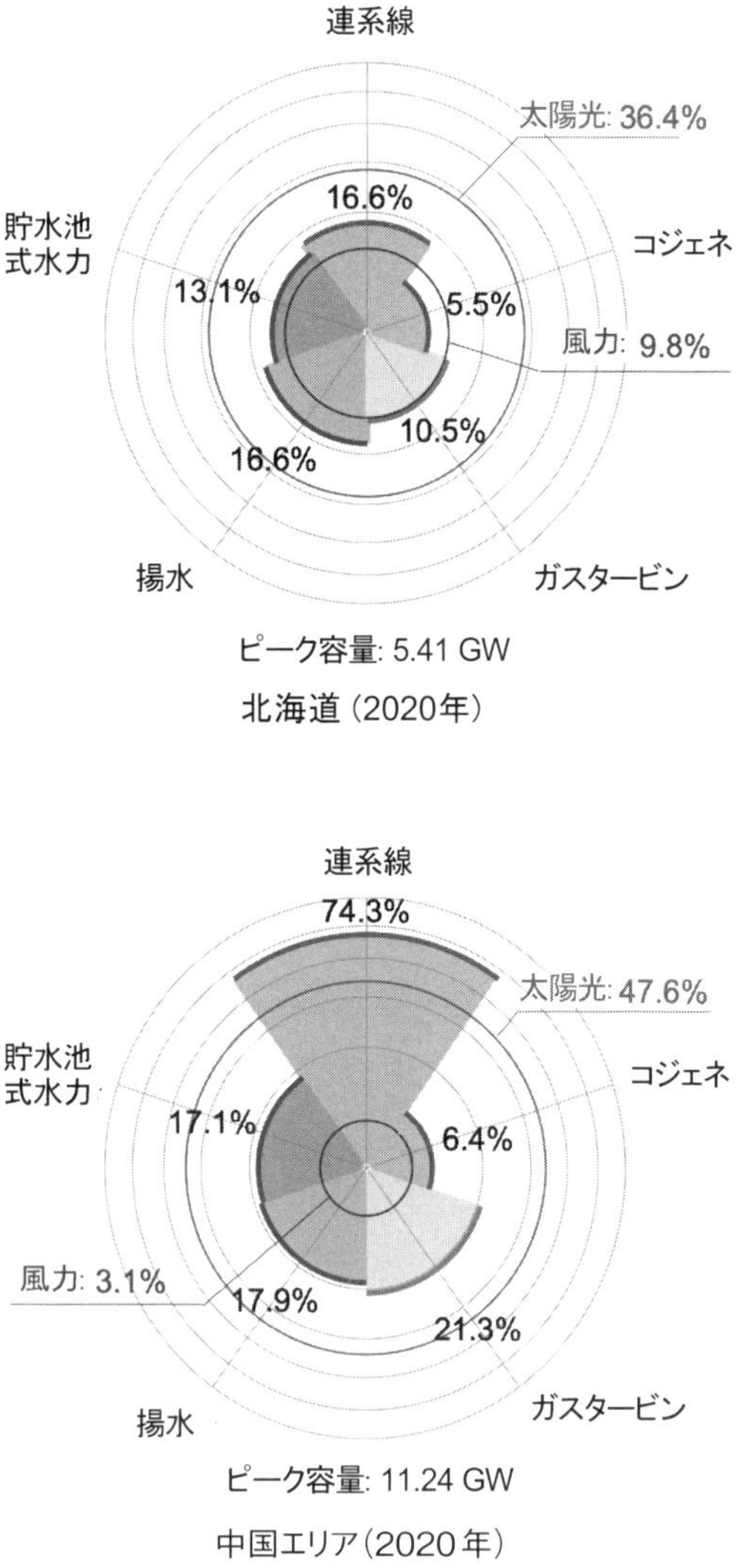

図4-8 柔軟性チャート（北海道および中国エリア）
（文献 [49] の図を筆者翻訳）

言説は先に見たとおりですが、図から読み取れる客観的な事実としては、日本の中国エリアも隣接エリアと地続きで国内連系線容量が豊富にあるということです。むしろドイツよりもずいぶん優位な状況にあります。

日本の各エリアは欧州の一国に相当するくらいの規模（ピーク電力や年間発電電力量の大きさ）を持っています。実は、日本の多くのエリアは再エネに向かないどころか、柔軟性ポテンシャルという点ではむしろ欧州各国よりも有利な状況にあるのです。

柔軟性チャートは、このように、統計データから得られる数値を客観的・定量的に評価し、かつ視覚的・直感的に表現するツールであり、日本で流布する多くのステレオタイプな言説が科学的根拠に基づかない思い込みや先入観でしかないことを明らかにしています。これが、本来の科学的な手法です。

柔軟性チャートは、ここまで紹介したように各国・各エリア同士の比較に用いるだけでなく、同じ国やエリアの過去・現在・将来のポテンシャルの推移を定量的・視覚的に評価することも可能です。**図４-９**は例として北海道の過去（２０１７年時点）、現在（２０２０年時点）、将来（２０２０年代後半予測）の柔軟性チャートの推移を示したもので、系統用大規模蓄電池の導入見込みも含め、第６軸として評価しています。

北海道は数年前まで制御性能の高いガスタービンによる火力発電がなく、揚水発電や連系線

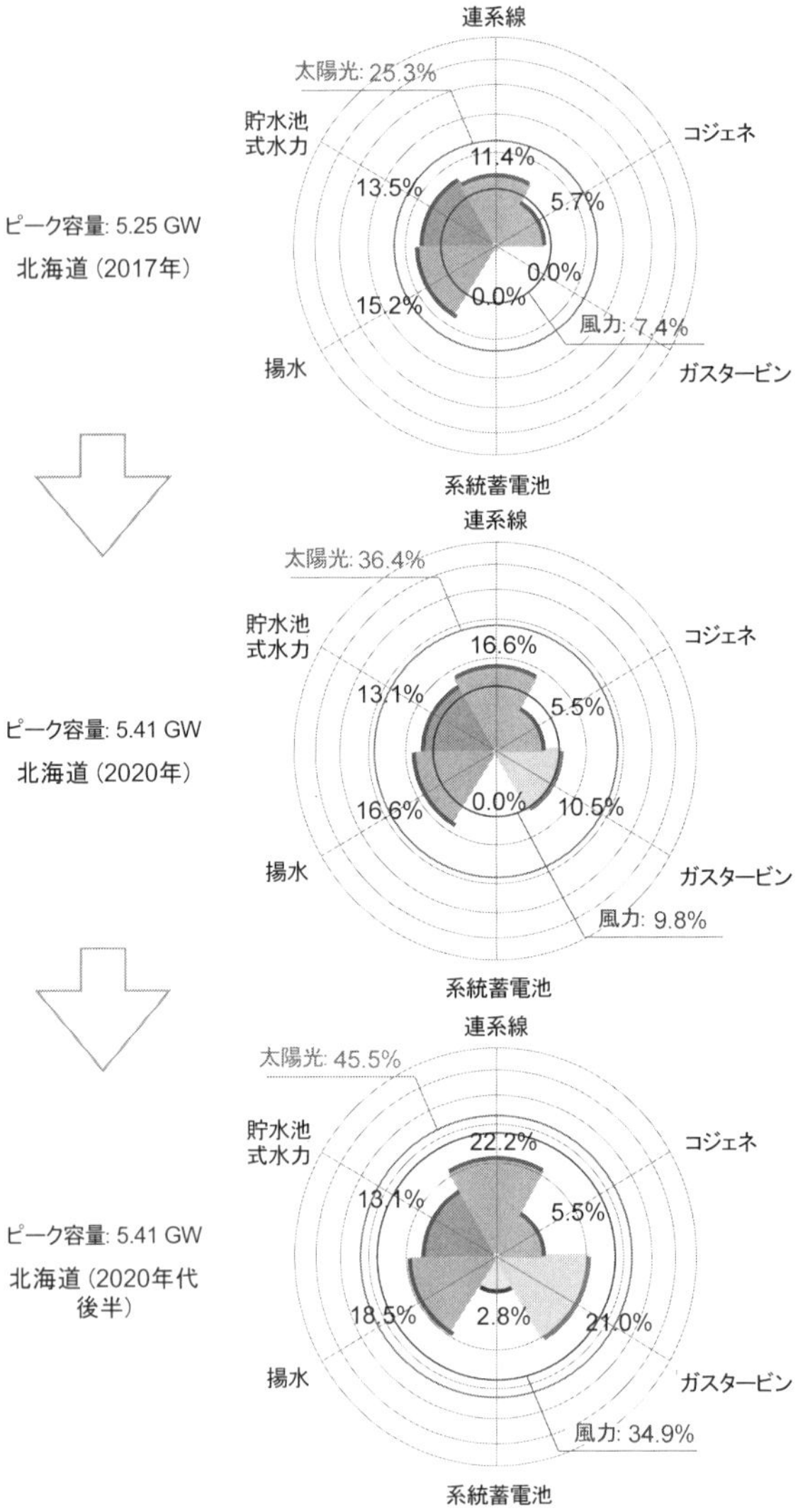

図4-9　柔軟性チャート（北海道の過去・現在・将来）
（文献 [49] の図を筆者翻訳）

容量も今より少なかったのですが、２０２０年を前後にさまざまな設備が完成しています。さらに将来は蓄電池の導入も予想され（この論文は２０２０年時点での予想ですが、現在はさらにそれを上回る蓄電池が導入される可能性があります）、柔軟性の選択肢の種類や容量が増え、ますますバランスのよい柔軟性が用意されつつあることがグラフから見て取れます。日本も実は、将来の再エネ大量導入を見越して着々と準備ができている状況なのです。

とかく「日本は狭い島国で……」を筆頭とする日本特殊論の枕詞によって、日本はさも再エネに向かない国かのような言説が流布しています。しかし、客観的データが示すところでは、少なくとも電力システムの変動性や不確実性を管理する能力としての柔軟性のポテンシャルという点では、日本は再エネ大量導入が進む欧州よりもむしろ優位な状況にあることがわかります。日本特殊論や日本スゲー論を唱えたがる人たちは、なぜこのような日本の素晴らしい状況を褒め称えないのでしょうか……。また、なぜメディアもこのことを伝えないのでしょうか？

私は、自らも工学系の研究者であるという立場から、日本の電力技術は素晴らしいものだと感じており、日本の電力技術でこそ再エネ大量導入が達成可能だと考えています。しかしながら、国内では日本に再エネは向かないかのような論調の大合唱で、これでは多くの人が日本の電力技術を全く信用しておらず、日本の技術力の低さをディスって嘲笑っているかのようです。日本特殊論は結局のところ、やらない言い訳に使われているにすぎません。

このように、柔軟性に関する客観的データを見ると、欧州は不利な状況でも再エネ大量導入をなんとか頑張っており、むしろ日本こそが再エネ導入に有利であるという見方もできます。これこそが「日本スゲー」なのですよ、ほんまに。私たちはそれを誇りに思い、再エネ9割の超大量導入は日本の環境や技術でこそ実現できる！　日本こそが地球環境や世界経済に貢献できる！と胸を張りたいものです。

コラム3

非科学ナラティブに惑わされないために②　参考文献のある資料を読もう！

非科学ナラティブは「わかりやすい話」であり、わかりやすさや単純明快さを優先するあまり、科学的手法を逸脱することも厭わない言説であることはすでに**コラム1**でも述べました。わかりやすさを心がけるのは本来とてもよいことですが、正確性や事実、理論をねじ曲げたら元も子もありません。世の中の多くの非科学ナラティブが（そしてフェイクニュースや陰謀論も）白黒単純化や1か100かの極端な二元論の手法をよく利用します。そのような「わかりやすい話」にはくれぐれもご注意を……。

私もメディアの方々から（特にテレビ局関係から）「短くわかりやすくお話ししてください」と要請を受けます。できるだけ努力していますが、**「短く」と「わかりやすく」は基本的に二律背反である**ということは、是非多くの方に知っていただきたいと思います。

「短く話す」ことは実はわりと簡単です。最初から最後まで専門用語をガンガンに使えば、ものすごーく短く説明できます。コラム1でも述べたとおり、専門用語は圧縮ファイルだからです。大学院生に対して講義する場合は、短く話せます。一方で「わかりやすく話す」こともできます。大学の学部生の講義のように1回1時間半の授業を合計15回行なう半年の講義では、専門用語や基礎理論の解説も含め、ゆっくりじっくりわかりやすく順を追ってていねいに情報をお伝えします。が、しかし、「短くわかりやすく」は至難の技で、無理ゲーです。無理ゲーでも頑張りますが……。

私もSNSをやっていて「俺を一言で理解させられないお前が悪い」というお叱り（というより罵詈雑言）をしばしばいただきます。これはスポーツに例えて言うなら、「俺を明日までにメジャーリーグに入団できるレベルにまで鍛えられないお前（トレーナー）が悪い」というのと一緒です。

我々研究者は学問のプロ（専門職）の世界で仕事をしていますので、これからプロになろうとしている方やすでにプロになっていてさらに高みを目指したい方（大学院生や社会人研修者）には、短く的確に要点だけアドバイスして「あとは自分で精進してね」とお伝えしています。一方、プロになるわけではないけどアマチュアとして体を動かしたい方や観戦が趣味の方には、むしろていねいにバットの握り方とかボールを蹴る姿勢などを指導し、自分の体を痛めたり他人におもわぬ怪我をさせたりしないよう、基礎の重要性や継続することの意義・楽しさからお伝えしたり、日々のトレーニングメニューを用意してじっくりお付き合いすることになるでしょう。

その場でインスタントな理解を求めようとすればするほど「すぐに理解できなきゃ気が済まない」病に罹患しやすくなります。それはスポーツにおける「明日にでもメジャーリーグに入団できなきゃ気が済まない病」と同じです。なにごとも手順とトレーニングが必要です。もちろん、「長く厳しいトレーニングを積まない限りはメジャーリーグもワールドカップも観戦する資格がない！」と考えるのであれば、これも極端な二元論の振り子です。

スポーツ観戦を楽しむ多くの人が、自分ではなかなかできないけど、トレーニングを積んでプロで活躍している人はすごい！と敬意を評してエールを送ります。「俺だったら絶対にホームランを打てるぜ！」とか「俺にやらせりゃシュートできたのに！」というのは、テレビの前でポテチを齧りながら独り言ちるのであればまだしも、間違ってもSNSという公共空間に書き込んでよい発言ではありません。しかし、科学の分野では、それが平然と行なわれています。これは、科学的方法論の無視・軽視の表れといってよいでしょう。趣味でスポーツをする場合も、基礎トーレニングを積まず、道具の使い方がぞんざいであれば、思わぬ怪我をします。科学や言論の世界であれば尚更です。

さて、科学におけるトレーニングは、まずなによりも、本を読むことです。気候変動や再エネのような科学に関するテーマを議論したならば、できればネット記事や動画だけではなく、本を読んでください。いきなり専門書を読むのはしんどい……という場合は、一般書でもいいですし、児童書や小中学生向けの図鑑がわかりやすいです(私もいくつかの児童書・図鑑を監修しています[55][56])。

もちろん、ネット記事や動画も情報収集の手段の一つとして悪くはないですが(私も最近、動画サイトを始めました[57]-[59])、その場合に一番注意しなければならないのは、**参考文献(あるいは資料の紹介)のないものは要注意!**という点です。これは雑誌の記事や書籍(特に一般書)にも同じことが言えます。

残念ながら、気候変動や再エネに関する日本語で読めるネット記事や動画のかなりのものが、参考文献を提示していません。それが必要だという認識すら共有されていないようです。そのような**参考文献の全くない記事や動画は**、たとえわかりやすかったとしても、そして自分と同じ考えだったとしても、**とりあえず話半分に聞いておい**

たほうがよいでしょう。理由は簡単で、単純に「裏が取れていない」から、です。その記事や動画がどんなにわかりやすかったとしても、それが科学的根拠に裏付けされているのか、世界中の多くの研究者の共通理解や国際合意が取れているのか、それとも単なる思いつきの個人的意見なのか、が判別できないからです。

世の中の多くの人が、自分の考えに合致しているか否かで、ある情報を信用するかしないかを判断しがちですが、それは単に先入観や偏見と呼ばれるものにすぎません。現状維持バイアスとも呼ばれます。情報の信頼度は、わかりやすいかどうかや自分の考えに近いか否かではなく、他の情報も吟味した上で蓋然性が高いかどうかです。それ故、参考文献のない資料や動画は、そのまま鵜呑みにすべきではありません。

できるだけ参考文献が豊富な資料にあたったほうがよいでしょうし、そうすると必然的に「これさえ読めば／観れば一発で理解できる！」という魅力的ですが超怪しい勧誘文句に引っかかることもなくなります。参考文献を頼りに複数の科学的根拠のある文献を読み込んで「裏を取る」という作業を進めることで、非科学ナラティブやフェイクニュースから逃れることができるでしょう。

また、**コラム1**で専門用語は圧縮ファイル、と述べたように、参考文献もエビデンス（科学的根拠）提示や論理性強化のための圧縮ファイルです。本書でも、しばしば本文中に文献番号が散りばめられていますが、なかには数百ページもの情報量が詰まっている場合もあります。

参考文献はスポーツで例えるのであれば、自主トレのメニューです。もちろん、全ての人がプロを目指すわけではなく、趣味として楽しく体を動かしたり、観戦するだけの人もいるので、全ての人に自主トレのメニューをこなしてくださいとは言いません。その場合は、参考文献はほとんど無視して構いません。しかし、それなりのレベルを目指し、少なくとも他人とハイレベルな試合（議論）を楽しみたいのであれば、自主トレメニュー（のうちのいくつか）は地道にこなすことをおすすめします。本書も、「この本を読めば全てわかる！」という誇大広告を打たず、この本を出発点としてさらに興味のある方が楽しく自主トレができるように、一般向けの書籍でありながら、参考文献を専門書並みに大量に挙げています。それが本来の科学的手法の正攻法であり、理論的堅牢性でもあるからです。

第5章 再エネはだれのため？

再エネはそもそもだれのためなのでしょうか？　なんのために再エネをたくさん入れなければならないのでしょうか？　その答えはすでに第1章および第2章で登場していますが、本章であらためて復習し、社会科学的・技術的側面も交えながらさらに深掘りしていきましょう。これまで第2～3章では主に社会科学（しくみづくり）の話、第4章では工学・技術（ものづくり）の話をしてきました。最終章では、両者を融合した、文系・理系の垣根のない、社会全体の最適解に向けた話をしたいと思います。

5・1　社会的便益の最大化：社会科学の最適化問題を解く

2・4節で便益、とりわけ社会的便益について言及しました。特定の個人や企業の利益は私的便益とも呼ばれますが、社会的便益は本来、社会を構成する人々全員に共有されるものです。一方で、「脱炭素や再エネは利権だ！」と再エネをディスる主張も日本でよく聞きます。しかし、このような主張はそもそも従来型エネルギー源に大きな外部不経済（隠れたコスト）があることを隠し、むしろ従来型エネルギー源の既得権益を擁護するために使われやすいということも2・2節でお伝えしました。

再エネや脱炭素を進める理由は、なんとなく地球にやさしいとか、なんとなく環境によいというふんわりしたイメージからではありません。もちろん、多くの人が共感する上でイメージも大事ですが、国際的に合意された知見としては、不確実性も考慮した定量的な方法論で現時点での最新科学に基づき未来が予測され、リスクに備えた行動が提唱されています。そのリスクに備えた行動こそが、脱炭素、そして再エネの大量導入なのです。そしてこのような理由自体が日本ではほとんど国民に知らされていない状況であるということもこれまでの章で見てきました。

再エネは社会的便益をもたらします。それは本来、社会の全ての構成員にもたらされるものです。ここで「社会」とは何かが問題になりますが、「社会」を地球全体と考えた場合、その構成員は人類全体となります。すなわち、「再エネはだれのため？」という問いに対しては、まず第一に「人類全体のため」と答えることができます。

「人類全体のため」というややもすれば壮大に聞こえる理想論を持ち出すと、その瞬間に「それは理想論だ。現実には……」としたり顔で現実論を語りだす人がいます（特に日本では）。しかし、一見冷静に「現実論」を語っているように見えても、現実の問題に目をつむり問題解決やリスク回避を将来に丸投げするだけの場合が多いということは、すでに3・1節で述べたとおりです。

みなさんの周りで10人が10人とも理想論だけしか語らないとしたら、多様性やリスク回避の観点から、「ちょっと待ってください、理想論ばかりでなく現実的に考えましょう」という意見も確かに有効かもしれません。しかし、みなさんの周りで10人のうち9人が理想論を語らず、理想論やあるべき姿を嘲笑・冷笑することが格好いいかのような風潮がはびこっているとしたら（まるで今の日本のように）、その集団は生き残れるでしょうか？　まず重要なことは、あるべき姿をその集団全体で共有することです。

そして脱炭素の文脈においてまず重要なことは、「再エネの大量導入は人類全体のため」というあるべき姿を語ることです。日本においては、まずこれが圧倒的に足りていません。現実論は、その理想論が日本全体で共有されてから議論すべきでしょう。「現実論」はしばしば理想論を否定したり多くの人々を本質的問題から目を逸らしたりするために使われる、という構造を私たちは知っておく必要があります。また、「現実論」は「理想論どおりになったら困る人」「社会に不公平や不平等、混乱があったほうが儲かる人」「現状どおりのほうがラクな人」が好んで使う傾向にあるということも、私たちは知っておく必要があります。

2・2節で隠れたコストや外部不経済の話をしましたが、経済学では、この外部不経済などがなく資源の配分が最適化され、市場が効率的な状態のことを**パレート最適**と呼びます。パレートは20世紀初頭の経済学者の名前であり、この概念を提唱した人です。外部不経済がある限り（その他の要因もありますが）、市場はパレート最適には至らず、あるべき姿になりません。世界中のさまざまな市場でこのパレート最適を実現できている市場はほとんどないと言ってもよく、多かれ少なかれズルをする人がいたり、それを十分に取り締まれなかったりと、綻びがあります。だからといって、ズルをしたり隠したりする人がいる現状を肯定し、「君が言っていることは理想論だ。現実には……」としたり顔で現実論を語り、現状維持を奨励することがよいわけではありません。あるべき姿は遠いかもしれませんが、昨日よりは今日、今日よりは明日、よりよい方向に進みたい、何か改善すべき点はないか？　と思う希求的活動こそが、本来の人類の進歩なのです。あるべき姿を考えるということは、社会全体の**最適化問題**を解くことにほかなりません。社会科学は社会全体の最適化問題を解く学問体系なのです。最適化問題は、理工系のエンジニアや研究者にはおなじみです。例えばわかりやすい例としては、新幹線Ｎ７００系の先端車両の「鼻」が挙げられるでしょう。この車両の形状は、発表当時は「ヘンテコだ」「アヒルみたいだ」と揶揄もあったようですが、空気力学や材料力学、コストなどを最適化してコンピューターで解いた結果、得られた解（形状）なのです。しかも、人間（その分野の熟練技術者や研究者）が想像もしなかったような答えを見いだすのも、コンピュータで最適化問題を解くことの面白さです。解が得られて初めて人間が「なるほど、こういう形状もアリなのか！」と感心するほどです。

こういった理工系の問題に対して「それは理想論にすぎない！」「もっと現実的に考えよう！」「俺の予想した形状と違う！　俺の経験や勘のほうが正しい！」と異を唱える人がいたとしたら、それは科学を否定するヘンな人と見られることでしょう。しかし、同じ最適化問題でも、経済や社会システムのモデルを取り扱ったとたん、そのモデルや計算方法がいかに科学的方法論で議論されていたとしても、自分の考えと違うというだけでそれを否定する声が湧き上がりがちです。「工学や技術と違い、社会科学は不確実性が大きすぎるからだ」という意見も出そうですが、工学や技術の分野でも不確実性（理論や理想状態からの予期せぬ乖離）は存在し、それは通常「誤差」と呼ばれます。誤差が無視できる程度に小さい場合はラッキーですが、現実には誤差が非常に大きかったり現代の科学を持ってしても正確に予想できないという場合もあります。その場合は「安全係数」や「マージン」といった用語があるとおり、不確実性を考慮した対策が取られます。それは社会科学でも同様です。しかしながら、社会科学の話をした途端、理想的状態が揶揄されるとしたら、それは、3・1節で述べたように、(特に日本において) 社会科学が軽視されている風潮があるからかもしれません。

もちろん、科学的方法論として、どのような前提条件を用いたのか、どのような仮定を行なったのか、どのような近似モデルを用いたのか、を検証することはとても重要です。しかし、そのような科学的検証を一切行なわず、自身の経験と勘から得られる印象と違うだけで異を唱えてよいとしたら、それは「自身の主張を通すために科学の否定も辞さない」という反科学の姿勢に容易に変容し、陰謀論に引きずり込まれやすくなります。そして、経験と勘に頼る考え方は (それ自体は本来、科学の不確実性に対応するために重要ですが) 往々にして新しい知識や新たなリスクに対応できず、現状維持バイアスの理由に使われがちです。

1・1節で紹介したIEAやIRENAの「2050年再エネ9割」という予想は、従来型電源の外部不経済や再エネのコスト・便益も加味した上で、このような最適化問題をコンピュータ・シミュレーションで解いた結果、得られた将来の姿です。少なくとも、世界中の多くの研究者が将来のあるべき姿に向かって警鐘を鳴らし、具体的な提案をしています。多くの国や産業界で賛同する声も増え、国際機関では国際合意形成の議論が進みつつあります。

しかし、残念ながら日本では、「ふんわり情報統制」によって、社会全体でその共通理解が全く不足しています。「再エネは利権だ！」という珍妙な主張は、それ自体が何かの利権を代弁しているといえるでしょう。その結果、日本はすっかり世界の進歩に抗う抵抗勢力になりつつあり、それすらも国民には十分に知らされていない状況です。世界からは、自らはなんの努力もせずに、努力する人のことを嘲笑っているイヤ〜な奴のように見えます。

ちなみに米国も大統領が代わり、脱炭素に後ろ向きになると予想されていますが、連邦政府の方針がどうなろうと各州や産業界は頑張る、という米国独自のダイナミズムやしたたかさもあります。米国の脱炭素政策が後ろ向きになってしまうとして、日本が右向け右でそれに忠実に追従するとしたら、もしかしたら日本だけが一人負けになってしまうリスクすらあります。

このようなカオスな状況を目の前にして、いやそうであるが故に、私はあえて日本のみなさんに、理想論やあるべき姿、そして現時点で最先端の情報と方法論を基に科学的に得られた最適解を唱えたいと思います。「再エネは誰のため？」と問われれば、人類全体のため、だと。これは厚生経済学や電力工学の最新知見を踏まえた国際共通認識なのです。

5・2　再エネは環境破壊?――再エネの5つの神話を解体する④

再エネは誰のため?と問われれば、人類全体のためだということを前節で述べましたが、ここで問題なのが、人類全体に社会的便益がもたらされるといっても、特定の地域にはその便益の分配が少なく、むしろ不利益のほうが大きくなってしまう場合もあるという点です。人類全体の便益のために、特定の地域の人が我慢を強要されなければならないとしたら、それは何か矛盾しています。

私が行なった日本の大学での再生可能エネルギーに関する講義で学生さんたちに感想を書いてもらうと、「安田先生の講義を聞いて再エネが必ずしも環境に悪いものではないんだということを知りました」という感想にしばしば出くわします。最初、私はこの感想が理解できなかったのですが、徐々に、若い学生さんの多くが「再エネ＝環境破壊」という言説に多く接しているからだということがわかってきました。

たしかに、日本では山を削って木を切り倒して斜面に雑然とパネルを並べる太陽光発電所も多く見られ、メディアでもSNSでもそれに対する批判が多く見られます。私自身も、再エネの仕事をしている身ですが、さすがにこれは醜いよな……と眉をひそめる発電所もあり、これらを容認したい気持ちにはなれません。再エネを推進したいと思う人こそ、「ダメなものはダメ」と声を大にして言わなければならないでしょう。ちなみに私は現在、経済産業省の産業構造審議会 保安・消費生活用製品安全分科会 電力安全小委員会を務めており、再エネ設備に対してむしろ厳しい規制を課す立場にあります。また、『再生可能エネルギーのメンテナンスとリスクマネジメント』[1]という書籍で安全や規制、合意形成についても述べていますので、ご興味ある方はご参照ください。

しかしながら、山を削って木を切り倒して太陽光パネルを設置する……という日本でよく取り上げられる事例は、実は欧州ではほとんど皆無です。なぜ日本でよく見られる現象が欧州ではほとんど全く見られないのでしょうか？　これは再エネ特有の技術の問題ではなく、法制度の問題だからです。

ここであえて話を脱線して、テレビの旅行番組の話をしましょう。旅行番組でよく、欧州の美しい街並み、特に屋根が同じ色の瓦で統一された風景を目にすることと思います。欧州では、屋根の色を何色で塗ろうが、俺の家だから俺の勝手だろ！と主張することは、ほとんどの場合できません。太陽光パネルについても同様で、誰がどう反対しようが俺の土地で俺の木を切って太陽光パネルを置くのは俺の勝手だろ！という主張もとおりません。なぜなら、法律でそう決まっているからです。欧州は個人主義の国……と日本では思われているかもしれませんが、実は意外にも何でもかんでも個人の主張が通る社会ではありません。

このように、土地利用において厳しい制約がかかり、たとえ個人がその土地を所有していたとしても、特別な許可がない限りは好き勝手できない欧州の法体系の考え方は、**開発不自由の原則**と呼ばれます。一方、日本の土地利用の考え方はその逆で、**開発自由の原則**となっています。

市民向け講演会などで「開発自由の原則と開発不自由の原則、どちらがいいですか？」とあまり事前情報なしに私が質問すると、ほとんどの人の回答は、言葉の語感から「開発自由の原則のほうがよさそう」となります。しかし、開発自由の原則は、一見個人の自由が謳歌できて素晴らしい響きに聞こえますが、周りがどんなに反対しても個人の好き勝手を禁止することができないことが多いのです。その結果、日本では山を削り木を切り倒して太陽光パネルが設置されてしまっています。

土地利用に関する法制度では、**ゾーニング**という用語が使われることもあります。ゾーニングとは、簡単にいうと、特定の開発事業者がここで開発したいと考える前に、自治体のほうであらかじめこの場所ではいいですよ、この場所ではダメですよ、といくつかの許容レベルに分けてゾーンを決定しておくやり方です。再エネが先行する欧州では、このゾーニング制度を早い段階から有効に活用しています。

日本でも全くやっていないわけではなく、例えば、環境省では2016年度から「風力発電に係るゾーニング導入可能性検討モデル事業」を募集し、全国の複数の県や市でゾーニング策定の普及を促しています。2018年には『風力発電に係る地方公共団体によるゾーニングマニュアル（第1版）』〔2〕が公表され、そこではゾーニングとは、

環境保全と風力発電の導入促進を両立するため、関係者間で協議しながら、環境保全、事業性、社会的調整に係る情報の重ね合わせを行ない、総合的に評価した上で、「法令等により立地困難又は重大な環境影響が懸念される等により環境保全を優先することが考えられるエリア（保全エリア）」「立地に当たって調整が必要なエリア（調整エリア）」「環境・社会面からは風力発電の導入を促進しうるエリア（促進エリア）」等の区域を設定し活用する取り組み

と定義されています。2021年6月には『地球温暖化対策の推進に関する法律の一部を改正する法律』が成立し、同改正法では市町村は地域脱炭素化促進事業の対象となる区域（促進区域）を定めるよう努めることが明記されました。

日本では似たような制度として、環境アセスメントがありますが、通常、自治体や住民にとっては、開発事業者から環境配慮書が公開されて初めて、その開発が知らされるという状況にあり、地域の人にとっては「寝耳に水」となりがちです。一方、ゾーニングが適切に行なわれていると、開発事業者が開発を計画するよりも事前に地域住民や地域産業団体が地域の意思決

定に加わることができ、地元の多くのステークホルダーの意見を調整しながら保全エリアや促進エリアを指定できるようになります。発電事業者にとっても自治体が指定した促進エリアで開発を計画する限りは地域住民とのトラブルのリスクも低減し、事業予見性が向上するというメリットがあります。このように、促進区域を設定することによって、再エネ発電設備を区域内に誘導して、地域住民との紛争を最小限度に抑制することを、ポジティブ・ゾーニングともいいます。

日本では自治体がゾーニングを行なうと、禁止区域だらけになってしまい促進区域が全く設けられないいわゆるネガティブ・ゾーニングになりやすいという問題があります。発電事業者も、ネガティブ・ゾーニングによってかえって風力発電の計画が進まなくなると、疑心暗鬼を引き起こしやすくなります。その反対に、地域の方々からは、促進区域をつくると、風車だらけになってしまう！という懸念が沸き起こるかもしれません。

このような双方の疑心暗鬼や不信感を解消するために必要なのは、まさに「数字で語ること」、定量化すること、可視化すること、です。疑心暗鬼はしばしば0か1かの極端な二元論から発生します。ゾーニングをすると適地が全くなくなってしまう！と考えるのは0であり、風車だらけになってしまう！と思うのは1で、0か1しか選択肢しかないかのように設定されると、その間がほとんど議論されず、世論が二局分化しがちです。

例えばドイツの土地利用（ゾーニング）の法律では、地域の約２％（１・８〜２・２％）を風力発電のために利用するということが定められています[3]。この約２％の数字は、１・５℃目標を達成するために科学的な計算により算出されたものであり、わずか数％程度の土地利用で、エネルギー密度の薄いといわれている再エネでも十分なエネルギーが賄えることがわかっています。決して50％とか80％の土地が必要になるわけではありません。この「２％」という数値を聞くと、「風車だらけになる！」と心配している人のなかでも多くが「なるほど、その程度なのか」と安心するかもしれませんし、「風車を全く建てられなくなる！」と懸念する事業者も冷静にそろばんを弾き、計画を進めることができることでしょう。このように、０か１かの極端な二元論を避けるためには具体的な数値を提示する必要があります。

前述の環境省によるゾーニング実証事業は、地域の合意形成に基づく適切な再生可能エネルギー開発のためには本来重要な布石ですが、太陽光はなぜか先送りにされてきました。このため、太陽光はメガソーラーも小規模のものもゾーニングなしに開発が進み、各地でトラブルが発生しています。日本における太陽光偏重の政策の歪みがまさに出ている結果となっています。

このように、日本では「再エネ＝環境破壊！」という図式が喧伝されがちですが、実はそれは太陽光パネルや風車という**特定の技術そのものに起因するわけではなく、法律のあり方に起因する**ものだということが理解できます。同様の社会的トラブルは、古くはゴルフ場開発、リゾート地開発、産業廃棄物処分場などでもこれまで多く発生しており、周辺住民が望まない設備が建設されようとした場合、住民も地方自治体もそれを防止・阻止する法的手段が容易に見当たらないこともあります。

この問題は再生可能エネルギー特有の問題ではなく、日本全体の国土利用のあり方の問題に帰着するのです。それらは再エネという新規技術が導入される以前から過去何十年も形を変えて次々に発生しており、現在も必ずしも解決されているわけではありません。「再エネ＝環境破壊だ!」「再エネは日本に要らない!」と声高に叫んで、仮に日本から再エネを追い出すことに成功できたとして、日本における環境破壊や地域住民とのトラブルがすっかり解決されるかというと全くそんなことはなく、また新たな設備で形を変えてやってくるでしょう。まさにいたちごっこ、もぐらたたきゲームとなってしまい、目下の問題の根本的解決にならないばかりか、より本質的な問題（気候変動）をさらに悪化させることにもなりかねません。

私たちは、目先のわかりやすい言説（非科学ナラティブ）に惑わされず、より本質的な根本要因を探り当て、それを解決する方法を議論しなければなりません。多くの場合、それは新しい技術の問題ではなく、法律やルールを変えなければならない問題なのです。このゾーニングや土地利用計画、さらには開発不自由の原則と開発自由の原則について詳しく深掘りしたい方は、ぜひ、以下の文献（短いコラム[3]-[4]、専門書[5]）をお読みください。

さて、「再エネ＝環境破壊」という日本でしか聞かれない奇妙な言説に関するもう一つの問題は、国民全体の科学に対する態度にあります。環境破壊や地域住民とのトラブルを引き起こす設備に対しては厳しく対応し、ダメなものはダメという厳しい態度で臨まなければならないのは当然ですが、ここで厄介なのが、ある技術に関して一部のダメな例を見て、その技術全体がダメである（に違いない）と拡大解釈してしまう考え方が日本で多く見られることです。

例えば、複数のリンゴのうちの1個が腐っていたからといって、「全てのリンゴがダメだ！俺は絶対にリンゴを食べない、家族や知り合いにも食べさせない！」と強弁する人はいないと思いますし、ある自動車が人身事故を起こしたからといって、「全ての自動車はダメだ！日本から自動車は出ていけ！」と声高に主張する人もいないでしょう。

しかしながら、対象が太陽光や風力といった新規技術になると、たちどころに少数のトラブルがその技術全体に拡大解釈されがちです。これは論理学的には**特称命題**と**全称命題**の混同、と理解できます。

特称命題とは「あるAはBである」という表現で表され、全称命題は「全てのAはBである」と表現されます。AやBに具体的なものを代入すると、特称命題は「あるリンゴは腐っている」「ある自動車は人身事故を起こす」となります。しかし、それをそのまま全称命題に代入して「全てのリンゴは腐っている」「全ての自動車は人身事故を起こす」という文を作ったとしても、多くの人にとってはかなり違和感を覚える文章になることでしょう。このように特称命題が真だとしても、必ずしも全称命題は真になるわけではありません。特称命題を聞いて全称命題を連想しても、それは単に連想ゲームの言葉遊びにすぎず、決して科学的・論理的な方法論ではないのです。

　Aがリンゴや自動車のようなすでにある、または皆がよく知っているものであれば、多くの人は特称命題からただちに全称命題に論理飛躍することはないでしょう。それはそのような言説を口にした途端、変な人と烙印を押されてしまうという常識が働くことが多いからです。

　しかし、新規技術やまだあまり普及していないものに対しては、残念ながら多くの人が十分な証拠もなく、特称命題から全称命題に容易に論理飛躍する傾向にあります。また、そのような言説が変な人の変な意見と捉えられるのではなく、あまりよく考えられずになんとなくそんなものか……と多くの人に受け入れられてしまう場合も多いようです。そのような主張をする人やなんとなくその言説を聞く人にとって、その技術が身近なものではなく、社会的便益をもたらすものという基礎理論（2・4節参照）を知らされていない状態で、「必要ないもの」「軽視してよいもの」という先入観や偏見がある場合、事前の価値判断が論理的推論よりも優先されてしまいがちです。これは科学は単なる知識の寄せ集めでなく、方法論（論理性）であると3・1節で紹介したことにつながります。

日本では残念ながら「再エネ＝環境破壊」と主張する声が（特にＳＮＳで）蔓延し、多くの人がその情報に何回も接してサブリミナル効果で脳にインプットされがちです。しかし、日本でそのような声をよく聞くということを欧州の人に話すと、「え？」と驚愕されることが多いです。もちろん、欧州でも再エネ設備の局地的なトラブルはゼロではなく、地域の反対運動もありますが、「再エネ＝環境破壊」というような全称命題に論理飛躍することは（非科学的な意見を好む極右政党の政治家以外は）ほとんどありません。欧州では、すでに気候変動（地球温暖化）が嘘だ！という主張はほとんど鳴りを潜め、脱炭素や再エネ大量導入が社会的便益をもたらすものということが多くの人に共有されているからだと推測できます。

日本では、社会全体がすでに、極右政治家が好む非科学ナラティブに染まってしまったかのようです。本来は、トラブルを起こす当該設備について個別に要因を分析して問題解決を図るべきことです。そのような地道ではありますが本質的な問題解決を行なおうとせず、再エネ設備全体を問題視し、「日本にはいらない」などと極論することは、論理飛躍なだけでなく、日本から科学的思考能力を奪い、イノベーションを減退させ、科学的問題解決をさらに困難にさせてしまう可能性すらあります。

5・3　差別はアカン（人権問題ではなく市場の話）

本書でたびたび登場する国際機関IRENAからは、再エネ大量導入を実現するためのイノベーションに関する報告書が複数公表されています。幸い、この報告書の一つは日本語に翻訳され無料で公開されています[6]。この報告書では、**表5-1**に示すような形で、さまざまなイノベーションの提案が30項目提示されています。

ここで興味深いのは、「実用技術」として分類される技術開発やものづくりに関することは全体の約3分の1にすぎず、あとの3分の2は「市場設計」や「ビジネスモデル」、「系統運用」などのしくみづくりに大きく焦点が当てられていることです。ここでも、ものづくりよりもしくみづくりの比重が大きいという点が重要です（3・1節参照）。

さらに、ここで推奨された「再エネを大量導入するためのイノベーション」の多くが、**再エネそのものが克服すべき技術課題ではなく、むしろ受け入れ側の電力システムのほうで工夫すべきイノベーション課題**として多く挙げられているという点も重要です。例えば、表5-1では「電力市場における時間分解能の向上」「電力市場における空間分解能の向上」「分散型エネルギー源の市場統合」など、電力市場の制度設計の改革が盛り込まれていたり、「革新的なアンシラリーサービス」「揚水発電の革新的運用方法」など、変動性再エネ（VRE）以外の発電設備の運用の改善が提案されています（注：アンシラリーサービスとは、周波数調整などの電力の品質を維持するための付随的なサービスのこと）。また、「バーチャル送電線」や「動的線路定格（DLR）」といった電力システム側の運用方針の工夫も推奨されています（これらについて本書で解説する紙面的余裕はありませんが、例えば私が過去に書いたコラム[7]なども参考にしながら、専門用語を使ってネット検索してみてください）。

●実用技術	●市場設計
1. 大規模蓄電池 2. ビハインド・ザ・メーター（需要側）蓄電池 3. 電気自動車のスマートチャージ 4. 再生可能エネルギーによるパワー・トゥ・ヒート（P2H） 5. 再生可能エネルギーによるパワー・トゥ・水素（P2H2）	17. 電力市場における時間分解能の向上 18. 電力市場における空間分解能の向上 19. 革新的なアンシラリーサービス 20. 容量市場の再設計 21. 地域市場
6. モノのインターネット（IoT） 7. AIとビッグデータ 8. ブロックチェーン	17. 時間別料金制度 18. 分散型エネルギー源の市場統合 19. ネットビリング制度
9. 再生可能エネルギーのミニグリッド 10. スパーグリッド 11. 従来型発電所における柔軟性	●系統運用 25. 配電系統運用者（DSO）の将来的役割 26. 送電系統運用者（TSO）とDSOの協調
●ビジネスモデル 12. アグリゲーター 13. ピア・トゥ・ピア（P2P）電力取引 14. エネルギー・アズ・ア・サービス（EAAS）	25. VRE電源の先進的予測方法 26. 揚水発電の革新的運用方法 25. バーチャル送電線 26. 動的線路定格（DLR）
15. コミュニティ所有モデル 16. プリペイドモデル	

表5-1　IRENAによる再生可能エネルギー大量導入のためのイノベーション（文献［6］をもとに作成）

このような考え方は、「再エネは不安定で……」という非科学ナラティブにすっかり染まり切っている多くの人にとっては「え？　なんで再エネ側で解決しないの？」と驚く内容かもしれません。しかし、本来、古いシステムに新しい技術を入れることは難しく、新しい技術を社会実装するには、受け入れ側の社会システムを新しいものに更新しなければならないのです。古い器に新しいものはなかなか入りません。それ故、受け入れ側の電力システムの技術革新を促進することで、新しい技術である再エネがもっと入りやすくなるのです。

日本ではイノベーションを「技術革新」と翻訳する用例も多く見かけますが、私もさまざまな書籍や国際機関報告書を翻訳している立場からいうと、これは誤訳だと言いたいと思います。なぜならば、このIRENA報告書の例を見るまでもなく、本来のイノベーションにはものづくり的な技術革新以外にも「しくみづくり」的な精度設計やビジネスモデルの改革も含まれるからで、技術革新と訳した瞬間、「しくみづくり」の要素が大きく（例えばこのIRENA報告書の事例では約3分の2がごっそりと）抜け落ちるからです。4・3節で見た「〜しかない」の呪縛は、このようなちょっとした言語ギャップ（例えば誤訳）から始まります。誤訳した用語を使い続ける限り、他の選択肢を捨てていることになるからです。ある人はそれに無頓着で見落としたり、またある人はそれを十分知った上で事実を隠蔽して悪用する、という非科学ナラティブの発生構造を私たちは知っておく必要があります。

現代イノベーション理論はヨーゼフ・シュンペーターの**新結合**[8]という概念にまで遡ることができるといわれていますが、ここでは単に「新しい生産方法」だけでなく、「新しい組織の実現」「新しい販路の開拓」など、むしろ既存のものやシステムを活用しながら「しくみづくり」によって社会を変えていくことにも重点が置かれています。

日本では、「再エネは電力システムに迷惑をかける」「技術が未熟だから、ちゃんとしてから電力システムにつながないでくれ」という主張が根強く流布され、多くの方がそのような考え方を何の疑問も抱かず「そのとおりだ」と素直に受け入れてしまっているかもしれません。日本の非科学ナラティブの文脈では、「再エネは不安定」で「電力の安定供給を脅かす（停電になる）」ものだという解釈が支配的なようで、まるで再エネは電力システムにとって悪い影響しかないと思っている人も多いかもしれません。

このような考え方は、**原因者負担の原則**（**CPP**）と呼ばれる費用負担の原則に通じるものがあります。特に、公害や原子力事故の場合は汚染者負担の原則とも呼ばれます。負の影響を市民や住民に与えてしまった場合、その原因者が責任を持って被害コストを負担し現状回復を負うという考え方が取られるのが一般的です（原発訴訟や最近の原子力行政ではそれが有耶無耶になりつつありますが……）。

しかし、再エネは汚染者でもなければ、負の要因を発生するだけの原因者でもありません。第2章で見てきたとおり、再エネには大きな便益があり、再エネ技術、特に風力発電や太陽光発電はもはや未熟な技術ではなく、再エネを入れないと大きな外部不経済が引き続き残り、市場が歪んだままとなります。この便益や外部不経済という考え方を無視・軽視すると、あっという間に「再エネはコストが高く電力システムに迷惑をかける」という言説になりやすいことに注意が必要です。

したがって、そのような社会に便益をもたらす技術を導入するにあたって、参入する新規技術の方がコストを負担したり問題解決の責任を負わされるというCPPの考え方は、かえって新規技術の参入障壁を高め、イノベーションを阻害することになってしまいます。「不安定だ」とか「迷惑をかける」と思われているものは、単に昔ながらのやり方に固執すると難しいというだけで、新しいやり方で新しい技術が導入できることが世界中の多くの研究や実導入例から明らかになっており、優良事例やソリューションが山のように積み上がっています。第4章で紹介した柔軟性という新しい概念もその一つです。

このように、社会に便益をもたらす新技術を新たに社会に受け入れる際には、**受益者負担の原則（BPP）**という考え方が取られるのが一般的です。事実、欧州や北米の電力・エネルギーに関する政策文書を読むと、このBPPという用語にしばしば出くわします。ここで、BPPのBはBeneficiary の頭文字であり、便益（benefit）の派生語が入っている点が着目すべきところです。このBPPという考え方が日本の再エネの議論で抜け落ちている原因の一端は、**日本全体で再エネの便益が徹底して語られないからだ**と私は考えています。

日本で流布する再エネ懐疑論や否定論（さらには揶揄や嘲笑・冷笑）は、
①時代の最先端の技術をキャッチアップできず、20年以上前の古い知識で語っている。
②再エネに便益があることを知らされていない。
③既存の電力システムがほぼ完成したと思い込んで（思い込まされて）いる。
④しかし、実は大きな外部不経済を垂れ流しにしており、市場は大きく歪んでいて最適解には程遠いことを知らされていない。
⑤古いやり方に固執しており、新しい方法があることを知らされていない。

という大きな誤解や情報欠落が元となっていると言えるでしょう。さらにそればかりでなく、という要因もあるように思えます。多くの方は知らされていない故に素朴に誤解しているだけですが、なかには知っていて隠蔽している悪質な言説もあります。新規技術を社会実装するにあたって、本来、工夫し変わらなければならないのは、受け入れ側のシステムのほうなのです。

これは例えていうなら、転校生の髪の色が黒でないとか、標準語でない（もしくは日本語が流暢ではない）などの理由で仲間外れにされたりいじめにあったりする学校と同じです。ここで仲間外れやいじめがないようにするには転校生のほうが髪を染めるとかちゃんとした標準語（もしくは日本語）で喋ること……ではありません。そのような排他的なルールや慣習を放置したり（そのような排他的行動を見て見ぬふりをする受け入れ側の学校のほうを変えなければなりません。教室で筆箱がなくなったら真っ先に転校生が疑われ、十分な証拠なくスケープゴートにされる……のではなく、偏見や先入観なく状況を調査し、慎重に問題解決を図ることが重要です。

ちなみに電力の分野でも、電力市場設計に関する海外の法律文書を読むと、**非差別性**（non-discrimination）という用語が非常に多く出てくるのに気がつきます。先の転校生の例のように、本来「差別をしたらアカン！」というのは人権問題の文脈ですが、それと全く同じ用語が電力市場の文脈でも登場するのは興味深いところです。なぜならば、電力市場や送配電網は、本来テクノロジーニュートラル（技術中立）であり、特定の技術の参入を差別してはいけないからです。

欧州や北米では1990年代から電力自由化が始まり、電力市場設計が行なわれてきましたが、この非差別性の考え方が徹底しています。日本の法律では、もちろん電気事業法でもその用語は少し登場しますが、数としては希薄で、この重要性をきちんと理解している電力技術者も少なさそうです。日本の法律のなかでは、一足先に自由化を達成した電気通信事業法のほうが非差別性に関する用語の登場頻度は多い状況です。

私は新聞社やテレビ局の記者さんなどメディアの側だけでなく、しばしば産業界や投資家からも国際動向や基礎理論などの情報収集を目的としたインタビューをお受けしています。日本のメディアや産業界からよくいただくご質問として「再エネの克服すべき課題は何ですか？」というものがあります。この質問に対する私の回答は明確で、「いや、克服すべき課題はほとんどないですよ。もしくはあっても軽微で現在の技術で十分克服可能です」「むしろ克服すべき課題は受け入れ側の社会システムのほうにあります」とお答えしています。

このような私の回答に対し、事前に期待していた答えと大きく異なるのか、たいそうがっかりされたり首を捻ったりする方も多いですが、図5-1のような国際機関の公表する推奨事例などを提示して国際動向を縷縷《るる》ご説明すると、ようやく納得していただけます。

一方、以下のような海外の研究者のインタビュー記事のほうがむしろ、国際常識を端的に述べているといえるでしょう。

もちろん再生エネの導入拡大にハードルがないわけではない。しかし、それは機器の性能など物理的な問題からくるものでも、経済的な理由によるものでもない。大部分は「文化的」とも呼ぶべきハードルだ。つまり従来から存在する市場を守り、時代遅れの技術を使い続けようとする人々の存在によるものだ。［9］

この記事を読んだときは、私も思わず膝を打って感心しました。もちろん、「このような意見を初めて聞いた！　目から鱗だ！」という意味ではありません。このような言説は、欧州ではむしろ当たり前であり、英語では私もさまざまな場面でさまざまな立場の人々から聞かされているからです。むしろ重要なのは、このような言説がようやく日本のメディアによって日本語で紹介された……ということです。「ふんわり情報統制」に覆われる日本で、このような世界の動向をきちんと紹介し、ふんわり覆われた網を破る努力をするメディアの人がいるということは、日本にとっての一筋の光明です。

逆に考えると、本節で紹介したような「受益者負担の原則」や「非差別性」、さらにこれまでの章で述べてきたような便益や柔軟性といった最新技術や社会科学の基礎理論が日本の多くの人に知らされていないために、「再エネは未成熟で課題が多い」「既存のシステムに迷惑をかける」という古い発想が日本で多く流布してしまっていると考えられます。

再エネは罰ゲームでも利権のゴリ押しでもありません。科学的にかつ国際合意として、脱炭素に最も貢献する技術手段として世界各国で推進されています。それ故、既存のシステム（電力システムやエネルギーシステム）に再エネ電源を接続する際にあともう一工夫が必要だとするならば、それは新規参入者のほうではなく、受け入れ側のルールや、なによりも人々のマインドを変えることが本来の筋なのです。

5・4　再エネは不安定？——再エネの5つの神話を解体する⑤

「再エネは不安定で……」という枕詞は日本でよく聞かれます。「再エネは不安定で……」という発想は、どうやらその対極として「火力や原子力は安定で……」というイメージからくるようですが、これは実は単なるイメージだけで幻想でしかありません。そもそも電力工学には「安定度」という指標がありますが、これは特定の電源や電源種が安定かどうかを評価する手法ではありません。

電力工学における安定度は、ある電源や電力設備が突然故障して出力や負荷が短時間で急激に変化した際にも（例えば１０００ＭＷの原子力発電所が停電で瞬間的に出力を停止したとしても）、電力システム全体が安定して運用を継続できるかを評価する指標です。

安定度解析と呼ばれる電力システムの安定性を評価するためのシミュレーションでは、コンピュータ上で電力システムを模擬し、その電力システム内の最大の電力設備（大抵は原子力発電）がある瞬間に供給支障を起こし出力が急変（例えば1秒以内に１０００ＭＷから０ＭＷに変化）した際に、電力システム全体がどのように動揺するかをチェックします。原子力発電はその容量が大きいため、突然供給支障を起こして出力が急変した場合には電力システム全体への影響が大きくなります。このような安定度評価の際に「原子力は不安定だ！」と揶揄する人はほとんどいないでしょうし、もしいたとしても多くの人から白い目で見られるでしょう。

一方、再エネ電源は分散型電源なので、一つ一つの容量は原子力や大規模火力に比べると相対的に小さく、出力がゼロまで急変したとしても、電力システム全体の安定性を脅かすことはほとんどありません。それにもかかわらず、「再エネは不安定だ！」という声高な主張をするのは、本来の電力工学の基礎理論から大きく外れた、単なる非論理的なダブルスタンダードにすぎません。

なお、日本を含む世界の電力システムは**N−1基準**と呼ばれる設計思想で計画・運用されており、全体（N）から最大の構成要素が一つ脱落しても（−1）システム全体が安定的に運用を継続するようになっています。日本の電力システムは優秀なので、場所によってはN−2やN−3（2〜3の事象が同時に発生するような確率論的には極めて少ないケースでもシステム全体が継続運用できる基準）が適用されているところもあります。

また、再エネは天候によって変動するため出力予測が難しいことをもって、それを「不安定」だと独自解釈・独自定義する人も多いようですが、変動すればただちに不安定だとするならば（それはそもそも電力工学的に誤りですが）、気温や曜日によって大きく変動する需要（家庭や工場の電力消費）も「不安定だ！」と糾弾しなければならなくなります。変動するからただちに電力システムに悪影響を及ぼすわけではなく、その変動が電力システム全体で管理できる能力を準備しているか？が問題であり、その能力は「柔軟性」と呼ばれることは、すでに**4・2節**で詳しく解説したとおりです。ここでもやはり、「再エネは不安定」という主張には、ダブルスタンダード論法や用語を独自解釈・独自定義するという非科学的手法が取られていることがわかります。

少し専門的でマニアックな事例になりますが、２０１９年に英国で広域停電があり、その際、１００ＭＷの洋上風力発電所が誤動作で**トリップ**（発電所の健全性や安全を保つために電力システムから瞬間的に切り離され出力がゼロになること）しました。私もその日、偶然にもちょうど出張でロンドンにいましたが、ロンドン市内でも停電になった地域は限定的なため、幸い私自身は停電そのものには巻き込まれませんでした。夕方になって停電を知らずにキングスクロス駅（ロンドンの北側にあるターミナル駅の一つ）のパブに行ったら、停電のため電車がストップしてその間多くの人がパブに殺到したため、駅付近のパブは軒並み大混乱になっていました。ロンドンで私が実際に目にした混乱はこの程度でしたが、この停電で空港システムや列車システムも数時間停止したため社会的にも注目され、「再エネのせいで大停電になった！」という主張も英国内で湧き上がりました。

この英国の広域停電の直接的な原因は、英国の送電系統運用者であるナショナルグリッドＥＳＯ（当時）の事故報告書によると、ある送電線にあった落雷により、付近のガス火力発電所がトリップしたことだと判明しています[10]。その後、落雷があった地点より１００㎞以上も離れた遠方の洋上風力発電所がトリップしましたが、これはいわば二次災害的な波及事故の形です。この英国の広域停電の場合、非常に運の悪いことに当該の洋上風力発電所はまだ正式運用前の試験運用中であり、本来であれば安全に備わっている保護システムが一時的に切れていて、そのタイミングで遠方の落雷による電力動揺がやってきた形となりました。その結果、本来トリップすべきでない状況でトリップし、その結果、電力動揺がさらに増えて、連鎖的に事故がさらに波及し広域停電に至ったわけです。

もちろん、試験運用中だからということで甘く見逃してくれるわけではなく、この洋上風力発電所には結果的に450万ポンド（当時のレートで約6億3000万円）もの罰金が課されました[11]。しかし、ここでも「だから再エネのせいで……！」と声高に主張することは早計です。本来保護システムが適切に運用されていれば波及事故は起こらなかった可能性は高いですが、それは特段洋上風力発電所だけでなく火力や原子力など全ての電源種に共通し、風力発電という技術に固有の問題ではないからです。実際に、この450万ポンドは、最初に誤動作でトリップしたガス火力発電所の所有者にも課されています。

また、たった一つの発電所の誤動作を取り上げて「〜のせいで！」「〜はいらない！」という主張がまかり通るとしたら、同じ理屈でたった一台の自動車事故やたった一本の道路の損壊を見ただけで、日本から全ての自動車や道路を排除しなければならなくなります（特称命題と全称命題の混同。5・2節参照）。結局のところ、これらの主張の多くは、ある事故に接した際に十分な情報を待たずに犯人探しを始め、憶測と先入観でスケープゴートを探し、自分が気に入るものには甘く、自分が気に入らないものには厳しく、単なる好き嫌いのダブルスタンダードによる自論展開にすぎないといえるでしょう。

　電力工学上は「安定な電源」という考え方はそもそもなく、どの電源であれ瞬間的に停止する可能性があり、それを想定した上で電力システムの設計や運用が組まれています。つまり、「再エネは不安定で……」という言説は、新規技術としての再エネどころか、従来技術である電力システムの基礎理論をも理解しようとせず、なんとなくのイメージと思いつきで決めつけているだけの非科学的言説にすぎません。

　最近では「安定電源」なる用語も、容量市場や長期脱炭素電源オークションに関する経産省や広域機関の文書で登場します[12][13]。これらの市場やオークション（入札）は、供給信頼度（後述）の確保のためにさまざまな国で用いられている容量（電源ではない）の調達です。国際的には容量市場の文脈で使われている用語は安定容量（firm capacity）」であり、「安定電源」（stable generation）」ではありません。しかしながら、なぜか日本では「安定電源」なる言葉が使われています。これは日本全体で陥っている盛大な誤訳だといえるでしょう。そしてそれを誰も指摘しないのは、忖度しているからでしょうか。

　本来の「安定容量」は特定の電源を指す言葉ではなく、全ての電源方式のなかで事故リスクや自然変動も含めて確実に供給できる能力（kWで表される容量）のことを指し、風力や太陽光の容量（の一部）も「調整係数」をかけることによってそれに含まれています。従来型電源も100％信頼できるわけではないので、定格容量（最大出力できる能力）にやはり「調整係数」をかけて安定容量が算出されます。また、市場は非差別的で技術中立であることが原則なので、特定の電源だけを優遇したり制限したりすることはありません。「安定電源」というと、あたかもベースロード電源のように一定であるかのような幻想を多くの人に抱かせ、特定の電源方式のみが優遇されたり、制限されたりして市場参入障壁が築かれ、新しい時代の新しい方法にますますついていけなくなります。日本全体でこのような「誤訳」を使い続けていく限り、「ふんわり情報統制」がますます進み、国際動向からの乖離のリスクはますます増大するでしょう。

残念ながら現在の日本では、このような非科学的言説や意図的な誤訳に対して、「それって非科学的だよ」とツッコミを入れる力を社会全体で失っており、多くの人が疑いもなく非科学的言説を信じ込まされている状況です。そして、なぜ非科学的言説が広まりやすいかという構造は、科学的な専門用語ではなく安易になんちゃって用語を使うことにより発生しやすいということはすでに述べました。これが科学立国ニッポンの現状の姿のようです。

また、このような非科学ナラティブが発生しやすい構造は、前節の原因者負担の言説や転校生の例と共通です。一般に、新規技術は多くの人にとって未知のものであり、情報が少なく、見たこともない幽霊のように映ります。特に日本では技術成熟度（ＴＲＬ）が低い段階のものは「夢のような技術」として過度にもてはやされるものの、ＴＲＬが上位になり社会実装の段階になると途端に辛くなる傾向があるようです（3・5節参照）。その際、先入観なく情報を集めて冷静かつ科学的に判断する……のではなく、自分が知ってるものには甘く自分が知らないものには辛い、という価値判断を人は往々にしがちです。先程の例えにも挙げた、教室で筆箱がなくなったら真っ先に転校生が疑われ、明確な根拠はないのに誰か一人でもそれを主張した瞬間、同調圧力で多くの人がそれになびく……という構造に似ています。

このような事態を防ぐために、欧州や北米の電力市場や電力システムの運用ルールは非差別性やテクノロジーニュートラル（技術中立）が徹底されているというのは**前節**で述べたとおりです。日本では残念ながら国全体・社会全体で非差別性が徹底されておらず、それ故、非科学的な言説がはびこり、根強く残りやすいという構造もあるかもしれません。

5・5　停電恐怖症と「電力の安定供給」不安商法

同じような再エネに対するネガティブな神話として、「再エネのせいで停電が増える！」「再エネのせいで電力の安定供給が脅かされる！」という主張も多く聞かれます。この神話もデータとエビデンスを用いて解体していきましょう。

日本は世界最高レベルの停電の少なさを誇る国だということは広く知られていますが、確かに「世界最高レベル」ではあるものの、残念ながら世界一ではありません。日本より停電が少ない国としては、ドイツやデンマークが挙げられます。少なくとも私が世界の多くの国の電力統計データを確認した限りでは、再エネが増えて停電も増える傾向を見せている国や地域は存在しません。あれ……？　仮に「再エネのせいで停電が増える」としたら、なぜ再エネの大量導入が進むデンマークやドイツのほうが停電が少ないのでしょうか？　この説は現実と全く矛盾することになります。

再エネと停電の関係について、具体的なエビデンスを提示しながら、もう少し詳しく検証していきましょう。先ほど、「停電が少ない」とあえて抽象的に書きましたが、ここでもやはり専門用語のコレクションは必要です。電力工学では**供給信頼度**という指標があり、それは電気学会では以下のように定義されています。

電気の供給停止、すなわち停電（供給支障）の頻度、大きさ、持続時間などの指標によって、電力供給の信頼度を表現することをいう。供給信頼度には需要家側と供給者側からの見方がある。

需要家側から見た供給信頼度の指標には、一需要家当たりの年間平均停電回数や平均停電時間などがある。

供給者側から見た信頼度としては、供給予備力、電力不足確率、供給支障電力などの指標がある。[14]

停電の多い、少ないは、上記のうち需要家当たりの年間平均停電回数や平均停電時間に相当し、それぞれ国際的にはSAIFIおよびSAIDIという指標で知られています。英語圏ではそれぞれ「サイーフィー」「サイーディー」と発音されることが多いようです。例えば欧州では欧州エネルギー規制庁（ACER）というEUの規制機関が不定期年で報告書をまとめており、現時点での最新版は２０２２年に発行されています（データは２０１８年まで）[15]。米国は米国エネルギー情報局（EIA）という連邦政府機関から州ごとのデータが開示されています[16]。日本では電力広域的運営推進機関が『電気の質に関する報告書』を毎年3月に公開しており[17]、この結果は政府が毎年6月に発表するエネルギー白書にも引用されています[18]。

これらの報告書から数値を拾うと、日本の需要家あたりの年間停電時間（SAIDI）は２０１８年度では２２５分（3・7時間）と若干多いですが、２０１９年度は86分、２０２０年度は76分、２０２１年度は10分、２０２２年度は25分となっています。２０１８年度の突出した長さは、２０１８年9月6日に発生した北海道胆振東部地震による北海道全域大停電（ブラックアウト）の影響など発生確率の非常に低い極値的な事故が含まれているからですが、それを除いた過去4年間の平均値は49分となっています。この数値は年間60分×24時間×365日＝52万5600分に対して0・009％という割合であり、文字どおり「万に一度」の割合を下回る確率であることがわかります。ここは日本の電力技術が胸を張ってよいところでしょう。

一方、欧州の統計データを見ると、データの揃う2010〜2018年の9年間のSAIDIの平均値は、デンマークが15・5分、ドイツが18・4分となっており、日本よりさらに低い数値（すなわち停電が少ない優秀な実績）となっています。ちなみに、デンマークの電源構成におけるVREシェアは2018年時点で49・5％（2023年時点では67・3％）、ドイツは2018年時点で24・3％（2023年時点では42・9％）となっています。日本のVREは2018年時点でわずか7・3％、2022年時点でも11・8％にしかすぎません。「再エネを入れると停電になる！」という噂はどこに行ってしまったのでしょうか？

実際に、私が「あなたの国では『再エネを入れると停電になる！』という言説を聞きますか？」と多くの欧州の研究者に質問すると、大抵の場合、笑いながら「ああ、私の国でもありましたよ。20年前に」という答えが返ってきます。「再エネを入れると停電になる！」という言説がいかに事実に基づかず、かつ20年以上前の古い説に基づいているかがよくわかります。

もちろん、日本より再エネをたくさん入れている国で日本より停電が少ないからといって、再エネが増えたら停電が減る、という主張が必ずしも成り立つわけではありません。**欧州の停電の低さは、配電線の地中ケーブル化率と逆相関の関係にある**ことが明らかになっています［19］。

電線を地中化した方が、落雷や強風などの自然災害に起因する供給支障事故が激減するからです。デンマークやドイツはこの地中化率がかなり高い国であることが知られています。このように、停電の発生確率は再エネではなく他の要因に比較的大きく関係しています。それにもかかわらず、その事実が全く無視され、統計上ほとんど相関が見られない再エネがなぜか恣意的に取り上げられスケープゴートにされている状況です。

なお余談ですが、米国のデータを見ると、２０１３〜２０２２年の10年間のＳＡＩＤＩの平均値で最も小さいのはコロンビア特別州で82分ですが、最も多い州だとルイジアナ州で１３９５分（23・３時間）という大きな数字となっています。これは２０２０年〜２０２１年に超大型ハリケーンに襲われた被害の影響もありますが、米国平均で見ても過去10年間のＳＡＩＤＩの平均値は３４０分（5・7時間）、確率で表現すると０・０３８％と、日本や欧州諸国に比べ極めて大きな値になっています。米国はコンピュータや情報通信（ＩＴ）技術が世界一だといわれますが、実は電力技術に関しては発展途上国並みです。このことは電力の専門家にはよく知られた事実ですが、一般にはあまり知られていないかもしれません。

再エネとは関係ありませんが停電に関する話を続けると、日本においても2022年には3月と6月に短期間で続けて電力ひっ迫警報と電力ひっ迫注意報が発令されました。そのため、社会全体で停電にセンシティブになり、「日本は停電がいつ起きてもおかしくない〝途上国〟になってしまった」という声も聞かれたほどです[20]。しかしながら、停電の少なさ（特にSAIDI）という指標で判断する限りは、日本よりも停電が低い国はデンマークやドイツなど欧州の極めて限られた国しかありません。米国は全米平均でも日本の約7倍、最悪の州は28倍にも上ります。十分な統計データは公表されていませんが、おそらく中国や東南アジアの停電の多さはそれと同じくらいかさらに多いと予想されます。このように、統計データをちょっと調べればわかるのに（特段の秘匿情報ではなく、インターネットで誰もが無料で確かめられるのに！）、「日本は〝途上国〟になってしまった」と政府関係者が数字も検証せずに迂闊に発言し、その発言が裏を取ることもされずに無省察にメディアに掲載されています。まさに、日本の科学力（いや、もっと単純に情報収集能力）の劣化を象徴しています。

もちろん、停電はないほうがよいですが、「停電が絶対にあってはならない！」とゼロリスクを求めるのは、科学的ではありません。停電を防ぐためにはコストがかかります。仮に「停電の確率をあと半分にするためには、電力料金を倍に上げなければなりません」といわれたら、どれほどの人たちがそれに対してOKを出すでしょうか？　このように「〜を得るためにいくら支払ってもよい」という指標は経済学では**支払意思額**と呼ばれます。とにかく停電を減らすためには10倍でも20倍でも電気料金が上がってもよい、と考える奇特な人もいるかもしれませんし、電気料金が上がるくらいなら多少の停電は仕方がない、と考える人もいるでしょう。1秒でも停電したらこの工場の損害は数億円にも上る！という人もいるかもしれませんし、数時間停電しても太陽光パネルがあるから大丈夫、と考える人もいるでしょう。そのように、支払意思額が人によってそれぞれであり、その社会全体の集合体として（通常は平均値で）、社会全体の停電回避に対する支払意思額が決まります。

「停電はけしかん！　絶対にあってはならない！」でも「電力料金は絶対に値上げしたらいけない！」という要求は、本来二律背反であり、社会にとって無理ゲーです。科学的な方法論としては、停電はある一定の確率で起こるものと想定し、その発生確率や影響度をどの程度のコストをかけてどの程度に抑制するか？というリスクマネジメント的な方法論が必要です。この議論は、技術でなんとかするという領域ではなく、社会科学の分野です。

この確率論的な停電の予測と対応については、実は世界中の多くの国で採用されている共通のルールがあり、確率論に基づいて電力システムの供給信頼度が設計されています。「供給信頼度には需要家側と供給者側からの見方がある」というのは先に引用した電気学会の定義のとおりで、需要家側からの見方としてSAIFIおよびSAIDIという指標をすでに紹介しました。もう一方の供給者側からの見方として、**アデカシー**と**セキュリティ**という指標があります。再び電気学会の定義を紐解くと、

アデカシー adequacy：系統構成要素の計画的および合理的に予想できる計画外の停電を考慮した上で、全ての時間において集合化された電力需要および需要家の要求するエネルギーを供給するための電力系統の能力。

セキュリティ security：電気的短絡あるいは系統構成要素の予期せぬ喪失などの突発的な擾乱《じょうらん》に耐える電力系統の能力。[14]

となります。前者のアデカシーは、受験英語で出てくるアデケート（十分な）の名詞形です。電気が十分足りている状態であり、いわば平時の備えに相当します。一方、後者のセキュリティは、ホームセキュリティーやセキュリティーサービスなど他の分野でも使われるのと同様、万が一の緊急時の備えに相当します。

この前者のアデカシーも数値で確率論として評価されるのが一般的です。例えば米国では「1-in-10（ワン・イン・テン）基準」として知られる基準が用いられており[21]、これは確率10年に1日の割合で停電を許容しながら電力システムを設計するという考え方です。これは確率で計算すると0・03%に相当します。

「停電は絶対に起こしてはならない！」とゼロリスクの考え方に染まっている人からすると驚天の霹靂かもしれませんが、実はこれは米国だけでなく世界中の多くの国（少なくとも全ての先進国）でこれと同様の考え方が採用されています。それよりも低いアデカシー基準を目指そうとすると、電気代ひいては社会コストが指数関数的に増大してしまうからです。停電も確率論で予測し、電力システムや社会システムが設計され、運用されています。そして、このことは実は日本でも例外ではなく、停電が確率論的に議論されているということ自体、やはりほとんどの国民に知らされていない状況です。

日本でこれまで取られてきたアデカシーの指標は「０・３／月」という基準です。これは確率で表すと１・０％となります。先ほどの米国の基準と比べてみると、とても大きな確率で停電を起こす可能性があることになります。これはおそらく昭和時代に設定された古い基準がそのまま見直されず現在まで続いてしまっているからだと推測できますが、実は日本ではルール上、３カ月に１日の割合で停電が発生するのは仕方がない、という設計ルールがあったというのは「停電は絶対に起こしてはいけない！」と息巻く人にとっては驚愕の事実かもしれません。

もちろん、現実に発生した停電（需要家側から見た信頼度指標）では、先に提示したとおり、米国が０・０３８％に対して日本が０・００９％とその値が逆転します。このことはどう評価すればよいでしょうか？　米国がルールに定められた基準を現実には満たしていないという点で大きな問題があることは言うまでもありませんが、一方で日本もルールは緩いけど現実にはしっかりやってるから日本は素晴らしい！と手放しで賞賛してよい問題でしょうか？

日本の実績はそれ自体世界トップレベルで素晴らしいですが、ルールで定められた基準と現実が大きく乖離しているということは、国民や産業界が法令で定められた以上の過度な高品質を要求し、フリーライド（タダ乗り）していないか？ということが疑われます。この素晴らしい停電率（の低さ）の実績を維持するのであれば、適正な報酬を一般送配電事業者や発電会社に支払う必要がありますし（すなわち電気代の値上げ）、電気代をこれ以上あげたくないという人は、ある確率でやってくる停電に関してなんらかの備えを自らする必要があります。

停電を許容する考え方を提示すると、「北海道の真冬で停電になったらどうする！」というような極端な懸念を示す意見も出がちですが、本来の目的は「停電を絶対に起こさないこと」ではなく、万一の停電の際に人命が失われないこと、人々の健康が損なわれないことこそが優先であり、それらは別の手段で解決できる場合もあります。例えば2・2節で述べた家屋の断熱を上げることは有効であり、むしろこの分野が先進国にあるまじき劣悪なレベルに置かれている日本では、この対策こそが急務です。適切な断熱性能があれば極寒時の数時間の停電でも室内温度はあまり低下せず、人命や健康を損なうリスクはうんと低減します。医療機器などわずかな時間の停電でも人命に直結してしまう設備では、それこそ蓄電池の出番でしょう。生産設備の停電で商品がダメになったなどの経済損失は保険でカバーすることも可能です。保険は、リスクマネジメントの分野でリスク共有の一手段だと認識されています。

科学には不確実性があり、通常定量化する際は確率論的に考えるということは3・1節ですでに述べました。また、4・3節では「〜しかない」という思い込みからくる視野狭窄の呪縛についても取り上げました。「停電は絶対に起こしてはいけない！」という安易なゼロリスク論は科学絶対視やそれに起因する極端思考・思い込み・視野狭窄と似ており、冷静に確率論的にリスクを減らしていくという地道な作業をむしろ阻害します。そして、過度で極端な性能要求は、新規技術にとっては「高い高い参入障壁」に容易に変質し、イノベーションを阻害する可能性すらあります。

停電はないほうがよいですが、せっかく世界で（日本でも）確率論的な指標が用意されているにもかかわらず、それをあえて伏せてイメージのみで語り、不安を煽ることによって誰が何の得をするでしょうか？　日本では「電力の安定供給」を壊れたテープレコーダーのように声高に叫ぶ声がよく聞かれますが、本気でこの問題について問題解決を図りたいのであれば、本来は供給信頼度やＳＡＩＤＩ、アデカシーなどの専門用語と定量評価を議論すべきです。それなしに、そのような科学的な手法があることをあえて無視して、場合によってはその情報を意図的に隠蔽して、極端な二元論で不安を煽る「電力の安定供給」論が日本を跋扈《ばっこ》しているようです。供給信頼度やＳＡＩＤＩ、アデカシーなどの専門用語が一切登場しない「電力の安定供給」論には要注意です。日本において再エネがなかなか受け入れられず、世界的に周回遅れになっている理由の一つがここにあるようです。

5・6　再エネが再エネを調整する日

第４章において、再エネや需要の変動性を管理するための電力システム全体の能力として、柔軟性という新しい概念を紹介しました。ここでは、さらにその話を深掘りしたいと思います。

日本では、非科学ナラティブがあまりにも多く喧伝されるせいか、多くの人が「再エネはお天気任せ」「再エネは調整できない」という言説をサブリミナル効果のように脳内に染み込まされています。しかし、**再エネも実は（ある程度）調整可能な電源です**。しかも、将来技術として今後技術革新が進めば遠い未来に調整できるようになるだろう……というものではなく、**現時点ですでに調整が可能であり、多くの国で（日本でも実は）実際に行なわれている**ことは、メディアもほとんど全く報じてくれませんし、したがってほとんどの国民に知らされていません。

すでに４・３節において「出力抑制は電力システム側から見ると、現時点で立派な柔軟性の供給源である」と述べました。出力抑制は日本では悪者扱いされていますが、それは抑制することで報酬が支払われないからであり、技術的に見ると、系統運用者（日本では一般送配電事業者）から指令を受けて**下方予備力（調整力、柔軟性）を電力システムに提供している**ことになります。

もちろん、これは風がたくさん吹いているときだけ、太陽がたくさん照っているときだけ限定的に出力を下げる（下方予備力を提供する）というものなので、いつでも好きなときに調整できるわけではありません。この点を取り上げて、「いつでも好きなときに調整できるわけじゃないのだから調整しているとは言えない！」「電力システムに貢献しているとは言えない！」という主張も容易に予想されます。しかし、このような発想は3・1節で取り上げた0か1かの極端な二元論、100点満点でなければ0点と一緒という冷笑・嘲笑主義に他なりません。

4・2節や4・3節で見たとおり、柔軟性のコンセプトは、多様な柔軟性供給手段があり、すでにあるものをいかにかき集めてきて安いものから順番に使うか、という点にあります。事実、図4-1で見たとおり、出力抑制は蓄電池よりもコストの安い手段として戦略的に取ることも国際的には推奨されています。「限定的に柔軟性を発揮できるもの」を「限定的にしか柔軟性を発揮できない」と軽視したり切り捨てたりすると、「〜しかない」の呪縛に陥り、結果的にコストの高い手段を選択し、社会コストを無駄に押し上げる結果となってしまいます。

また、特に日本では、出力抑制は無償で出力を下げさせられるもので収益が減ることから、太陽光発電事業者にとっては「けしからん！」と目の敵にされやすく、一部の事業者の論調をそのまま代弁してしまうメディアも多く見られます。出力抑制は過度でなければ（おおむね8〜10％未満）社会コストを下げるために有効な手段ですし、適切な対策さえ講じれば発電所の経営や再エネの投資に深刻な影響を与えるものではないことは4・5節ですでに示したとおりです。

では、出力抑制（柔軟性の提供）をした分だけ報酬をもらえばいいじゃないか、という意見もありますが、現在日本では再エネのほとんどが固定価格買取（ＦＩＴ）制度によって高い報酬が保証されているため、さらなる報酬を与えることについては、経済学的にも議論の余地がありそうです。「海外では出力抑制は補償されている」という見方もありますが、それはドイツの例であり、逆にドイツ以外で出力抑制が補償されている事例はほとんど見当たらず、ドイツは例外中の例外であるともいえ、ドイツを引き合いに出せば出すほど分が悪くなります。

したがって、出力を減らすことで報酬をもらえばいいじゃないか！という主張に対しては、ＦＩＴに頼らず、**電力市場で直接取引すること**、という回答がベストソリューションになります。

ＦＩＴ制度とは、その名の如く、固定価格で電気を買取ってもらえる制度です。一方、電力市場は株式市場と同じく時々刻々と変動し、あるときは20円／ｋＷｈ以上に跳ね上がったかと思えば、あるときは0・1円／ｋＷｈと二束三文になるときもあります。一般に電気が足りない時は高騰し、電気が余ると安値になります。このような市場価格の変動はそれ自体リスクですが、その変動があるからこそ、能力のある会社は技術や経験によりリスクをテイクして、利潤を出すことができるのです。

再エネは市場参入を始めたばかりの幼稚産業なので（これは揶揄表現ではなく経済学用語です）、技術や経験がない会社が多いことから、固定価格で買い取ることにより、市場の変動リスク、ひいては事業リスクを軽減させてあげましょう、という考え方がＦＩＴ制度という支援策の基本設計思想です。そしてその支援策は、従来型発電から膨大に垂れ流されている外部不経済を減じ、大きな社会的便益を生むため、その支援策が経済学的に正当性を持つということはすでに第2章で述べたとおりです。

一方、ＦＩＴは幼稚産業育成のための時限的支援策にすぎませんので、再エネが増えてきた段階に応じて、現在の支援策はより支援の度合いが小さい制度に段階的に移行するのが適切です。そのための別の制度として、ＦＩＰ制度という似たような名前の制度があります。

ＦＩＴとＦＩＰの違いは、前者が固定価格で電気を買取ってもらえるのに対して、ＦＩＰは市場価格にある一定の報酬（プレミアム）が上乗せして支払われるというものです。このことにより、再エネ発電事業者は他の電源と同様に市場の変動リスクを読む必要がありますが、他の電源よりはプレミアムによって優遇される（社会的便益をもたらすから）というある程度のリスク低減の恩恵を受けることになります。例えていうなら子どもの教育と同じで、ＦＩＴは小中学生に相当し、親から援助を受けてその間勉強（技術やノウハウの習得）をしましょうというイメージです。そしてＦＩＰは、高校生になったのでアルバイトをして学費の一部を稼ぐのもアリという感じです。将来は全く支援なしに独り立ちできることを目指しますが、小中高生を親や社会の支援なくいきなり社会に放り出して大人たちと対等に商売しなさいといっても、それでは子どもは成長できません。子供の方も、支援だけ受けて遊んでばかりで勉強をしないのはナシです。

このように、（ＦＩＰという優遇策を受けながらも）他の電源と同様に市場で電力を取引するようになると、前述の「出力を下げたら報酬がもらえる」という形が実現できます。これは遠い未来の話ではなく、現在の日本でも制度が整いつつあり、すぐにでもできることなのです。

なぜ、出力を下げたら報酬がもらえるのでしょうか？　出力を下げたら、販売する電力量が減ってしまい、結果的に儲からないだけではないのでしょうか？　それに対する回答は、**時間前市場**や**需給調整市場**に入札して稼ぐことができる、ということになります。時間前市場（当日市場）は、前日までに閉場したスポット市場での量を調整するための市場です。需給調整市場は、調整力を売り買いする市場です。風力と太陽光は出力抑制によって下方予備力を提供することは前述しましたが、需給調整市場においては、下方予備力という商品の入札を意味します。無事、約定《やくじょう》すれば、出力を下げることで報酬がもらえるのです。

それだけでなく需給調整市場を使えば、上方予備力も提供可能だという点も強調しておきたいと思います。「え？　なんで風力や太陽光が出力を上げられるの？」「できるわけないでしょ！」と思う人も多いかもしれませんが、それは単にふんわり情報統制によってそのような世界の最先端が私たちに知らされていないだけなのです。結論から言うと、すでに欧州や北米では10年前から実用化され、実際の電力システムに貢献しています。

風力や太陽光は「お天気任せ」なので、出力を上げようと思っても上げられない、と思い込まされている人は多いと思いますが、なぜ風力や太陽光が出力を上げられるのでしょうか？

そのカラクリは実は簡単です。風がたくさん吹いているとき、太陽がたくさん照っているときにその風や太陽によって最大限出力できる電力をそのまま発電するのではなく、例えば80％などわざと出力を絞って運転する（これを部分負荷運転といいます）ことも可能だからです。20％出力を絞った分だけ、余力があるので、例えば時間前市場や需給調整市場で20％分の出力を売ることも可能です。

図5-1は２０１２年（日本語版は２０１３年）に発行された書籍に掲載された図をわかり

やすくアレンジしたものです。

上図は前節で議論した出力抑制に相当します。風が吹いているとき、あるいは太陽が照っているときに、本来出力可能な電力を捨てることは、電力システムから見たら下方予備力を提供していることになります。

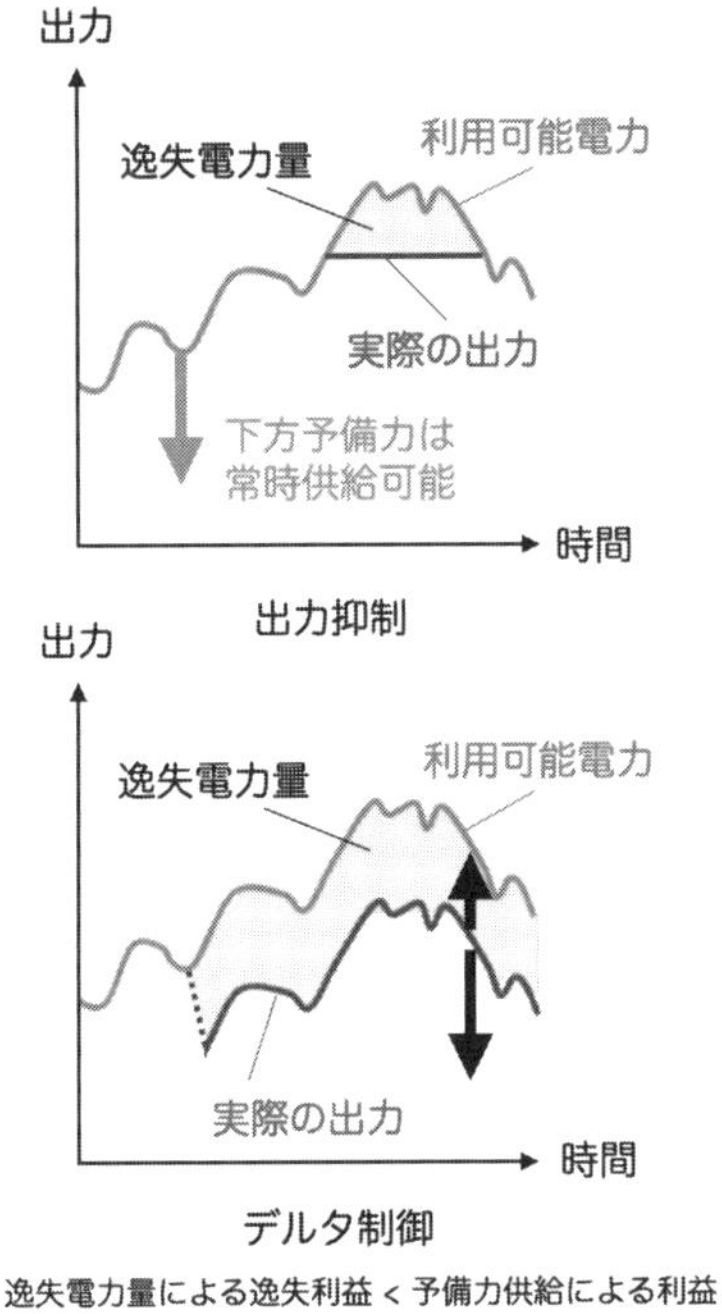

図5-1　出力抑制とデルタ制御
（文献［22］の図を基に改変）

一方下図は、風が吹いているとき、あるいは太陽が照っているときに、部分負荷運転をしている状態を示しています。なぜわざわざ部分負荷運転をするかというと、供給が過剰になると市場価格が低下するため、ＦＩＴに依存せず電力市場で取引をする発電事業者にとっては売ってもほとんど儲けが出ないからです（キャベツを作りすぎると価格が暴落するのと同じです）。したがって、発電所の経営を考えると、「捨てるのはもったいない！」ではなく、「市場価格が低いときに売るのはもったいない！」となります。むしろ、時間前市場や需給調整市場で売るほうが、スポット市場で売るよりも数倍から十数倍の価値がつくこともしばしばなので、そこでさらに収益を上げることも可能です。特に風力発電は、強風の際に無理して運転を続けるよりも、羽根を休めることで寿命を延ばせる可能性もあり、発電所所有者は戦略的に行動します。

さらに、欧州や北米では、供給が過剰で消費しきれなくなると、マイナスの価格（**ネガティブプライス**）になることもあります。つまり、発電する側は電気を売ると儲けが入るのではなく、罰金（ペナルティー）を取られます。また、消費側は電気を買うのにお金を払うのではなく報酬（ボーナス）がもらえることになります。このような制度が導入されると、風がたくさん吹くときや太陽がたくさん照るときに出力抑制されるのは収益が減るからけしからん！ではなく、風がたくさん吹くときや太陽がたくさん照るときに発電するとペナルティーを取られるので自ら進んで出力を下げよう……というインセンティブが発電事業者に働くことになり、その分、柔軟性に回すことができるようになります。

日本では電力の市場取引が発達していないのか、このようなネガティブプライスが何か悪いものかのように解釈するケースがメディアを通じてしばしば見られますが[23]、国際的にも経済学理論上も全く逆で、このようなネガティブプライスがないと市場が不健全で歪みます。日本もネガティブプライスの導入の議論は行なわれていますが、非科学的な誤った理解も多く流布しており、このような非科学的な意見が多数を占めてしまうと、ネガティブプライスの導入がますます遅れ、市場が歪むことが懸念されます。

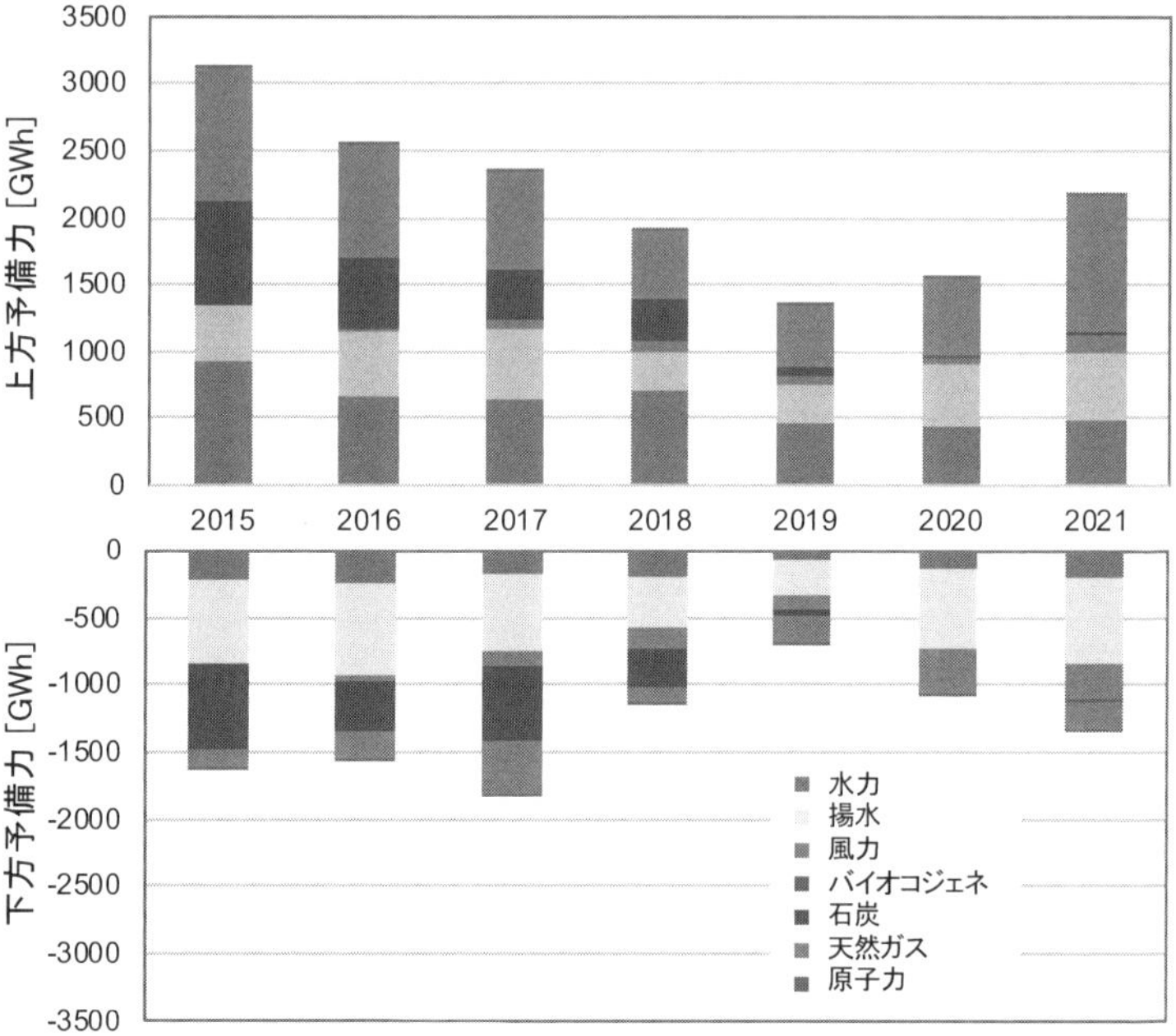

図5-2　スペインの需給調整市場における取引電力量の推移
（文献 [24] のデータを基に最新データを追加して作成）

さて、**図5-1**下図に見るような制御方法は**デルタ制御**と呼ばれ、実に15年以上前から欧州では理論的に提案されていました。一方、このような制御方法が実際の市場で市場プレーヤー（風力発電事業者）の行動として2010年代前半から徐々に観測されるようになってきました。例えばスペインでは、**図5-2**に見るとおり、需給調整市場において、すでに水力や揚水による調整力（柔軟性）の取引が盛んでした。スペインは乾燥した国だと思われがちで、南部ではそのとおりですが、北部では豊富な水力資源があります。さらに、

図5-2を注意深く観察すると、２０１６年ごろから風力発電からの調整力も取引されていることがはっきりと読み取れます。しかも下方予備力だけでなく上方予備力も取引されています。

このスペインの例では太陽光からの調整力の取引はまだないようですが、コンバーター（パワコン）で制御するという点は風力と同じなので、いずれ登場すると予想されます。このように、同様の市場行動は、ここで示したスペインだけでなく、ドイツやデンマークでも見られ、再エネが再エネを調整することが欧州ではすでに当たり前の現実になっているのです。

さらに北米では、２０１０年代中ごろから電力市場もどんどん進化し、例えばＳＰＰ（南西部パワープール）という米国の一部エリアの電力市場では、「制御（ディスパッチ）可能な変動性電源」と呼ばれるものが登場しています。変動性電源とはここでは風力発電を意味します。

最近ＳＰＰで導入された電力系統に関する注目すべき興味深いものとして、「制御（ディスパッチ）可能な変動性電源」と呼ばれるものがある。

これらの電源は設置された風力発電の３分の２に相当し、リアルタイム市場で給電（ディスパッチ）される。

送電混雑の管理や需給調整を確実にするために風力発電の出力抑制を行なうことが効率的である場合、これらの電源に対してＳＰＰは給電（ディスパッチ）指令値といった信号を自動で送ることができる。[25]

「制御可能な変動性電源」という新しい用語は、「再エネは不安定で……」という全時代的な先入観を引きずっているとなかなか理解しづらいものですが、図5-1のようなデルタ制御や市場取引のあるべき姿を知っていれば、「ははあ、なるほど」と理解できることでしょう。風力発電は（太陽光も）その全てを火力発電のように自由自在に調整できるわけではありませんが、適切な市場設計や法制度さえ整えば（決して画期的な技術の発明ではなく！）相当程度に調整は可能です。重要なのは、欧州や北米では10年前からそれを（技術革新ではなく制度改革により）実現している、という点です。

また、再エネのなかでもバイオマス発電は、燃料をためておくことが比較的容易で人為的に出力をコントロールしやすいため、重要な柔軟性供給源であるということは、4・2節でも登場しました。特にデンマークやドイツのアグリゲーターは小規模発電事業者と契約して、数百〜数千台の発電機を遠隔操作して、あたかも一つの巨大な発電所のようにコントロールします。これを**バーチャルパワープラント（VPP）**と呼ぶということも同じく4・2節で紹介しました。VPPは日本でも現在流行りで多くの有名企業がVPPの開発やビジネスを手掛けています。一方で欧州のVPP開発は10〜20年以上も前から着々と行なわれており、その多くがバイオマス発電所であり、今やすっかり開発の段階は終わって実際に電力システムに投入されて活躍しています。

日本で「バイオマスは優れた柔軟性供給源なんですよ」と紹介すると、電力や再エネに詳しい人も含め、多くの人が首をかしげます。日本で多くの人が首をかしげる、と欧州の人に言うと、「え？　なんで？」とまた首をかしげられます。ここでも大きな情報ギャップがあるようです。なぜバイオマスが優れた柔軟性供給源になるのでしょうか？　また、なぜそれが日本で全く知られていないのでしょうか？　それは技術的側面と制度的側面の２つの側面があります。

まず技術的側面としては、欧州、特にデンマークやドイツで主流のバイオマス発電は木質系バイオマス燃料による汽力発電（燃料を燃焼させお湯を沸かして蒸気でタービン発電機を回す方式）ではなく、家畜糞尿などの農産廃棄物をガス化させたバイオガスによる内燃力発電（燃料を燃焼させエンジンを駆動し発電機を回す方式）だという点です。内燃力発電は身近なところでは屋台の裏にあるポータブルなガソリン発電機が連想しやすく、また日本では離島において重油を燃料としたディーゼル発電機が多く活躍しています。そのためか、日本では内燃力発電機は一昔前の古い技術かのように勘違いされやすいですが、起動停止能力に優れ、出力変化速度や最低負荷の性能が既存の大規模発電所よりもはるかに優れたものが開発されています［26］。

日本の場合、多くの人がバイオマスというと木質バイオマスを連想し、バイオマスを過度に進めると森林伐採などの環境破壊につながるという指摘もありますが（実際に、世界中で問題になっていますが）、本来、バイオマスは農業と強い親和性を持ち、農産廃棄物の有効利用としては、地域や里山の循環型持続可能社会の構築に極めて有効な手段の一つです。残念ながら日本では、農産廃棄物の収集や輸送、貯蔵の問題などから、さまざまな障壁があり（技術的障壁ではなく制度的障壁の場合が多い）、いくつかの先進優良事例はあるものの、日本全体で水平展開できていないのが現状です。

また、制度面では、バイオマス発電の強いＦＩＴ依存が、バイオマス発電からの柔軟性提供の足枷になっているといえるでしょう。本節前半で解説したとおり、ＦＩＴは固定価格で電気を買い取ってくれる支援制度なので、発電所の事業リスクの低減には大いに役立ちますが、その半面、市場取引をしなくて済むため、時間前市場や需給調整市場で柔軟性を売るという発想が完全に欠落してしまいがちです。したがって、ＦＩＴ認定を受けたバイオマス発電所のほぼ全てがベースロード運転をしており、柔軟性が全く乏しい運用を行なっている結果となっています。

前述のとおり、ＦＩＴは幼稚産業育成のための時限的支援策にすぎないので、ＦＩＴの恩恵を受けてノウハウを確立した事業者は、ぜひ速やかにＦＩＰなどの市場取引ができる制度に移行して、スポット市場でｋＷｈの電力量を売るだけでなく、時間前市場や需給調整市場でより高い付加価値で調整力（柔軟性）を売って収益を稼ぐビジネスモデルに移行してもらいたいものです。

現状の日本では、このように制度設計の悪さから、さまざまに歯車が噛み合っておらず、欧州ですでに10年以上前から当たり前になっていることが、10年経っても実現できていない状況です。やりたくてもできない……であればまだマシですが、「ふんわり情報統制」によってそのようなやり方が存在するということすら知らされていない状況なので、やりたいと思う人も少なく、それを応援してくれる人もほとんどいない……というのが日本の状況です。

さらに、燃料がある程度備蓄できるバイオマスだけでなく、水力発電も大きな柔軟性を発揮する元祖再エネです。特にダムや調整池を持つ水力発電所は大きな柔軟性を持ち、現時点で調整力として需給調整市場に入札されています。ただし、これも日本の現状では、治水と利水のバランス上、極めて保守的な運用ルールになっており、本来発電所ごとにきちんとシミュレーションをしたり検証したりすればより高い制御性能が発揮できるものが、十分に活かされているとはいえません。また、日本ではこれ以上ダムを造るのは環境的にも社会的にも困難が伴いますが、既存のダムを嵩上げしたり発電機を更新するという比較的低コストの投資で、さらに大きな柔軟性（および供給信頼度）を提供してくれる可能性があります。これも費用便益分析（3・2節参照）などの科学的方法論に基づいて、柔軟性の発掘や拡大を着実に進めていくことが望まれます。

日本では、せっかく２０２１年度から部分的に需給調整市場の運用が始まったものの、まだ始まったばかりの市場ということもあり、例えば再エネやデマンドレスポンスが需給調整市場に参入しづらいなどの高い参入障壁が見られる差別的な（非差別的でない）市場となっているのが現状です。需給調整市場が開設された後も、従来の古い考え方では調整力を出すのは火力発電だけであり、最近では蓄電池「しかない」と思い込んでいる人が日本では多いようです。これは、4・2節で解説したとおり、調整力の呪縛であり、柔軟性という新しい時代の新しい概念の欠如（知らされていないこと）の弊害ともいえます。特に調整力という古い言葉にこだわる限り、変動成分（再エネだけでなく需要からも発生します）を調整するのは需給調整市場でしかできないと勘違いする人も多く出てきてしまうでしょう。

しかし、柔軟性という用語を使えば、再エネも時間前市場で取引が可能で調整ができるという選択肢の幅が広がります。事実、欧州では再エネが増えたにもかかわらず需給調整市場の取引が減っており、「再エネが増えたら調整力が必要！　かえって火力が必要！」という古い考え方が当てはまらなくなっている現象が複数の国で確認されています。これは、変動成分の管理能力の取引（すなわち柔軟性）が需給調整市場だけでなく時間前市場に移ったことを意味します。調整力という言葉にこだわり、柔軟性という概念を受け入れないと、このような世界の最先端や時代の変化についていけず、いつまでも古い時代の古い考え方から抜け出せないでしょう。

「再エネは不安定なので火力が必要」という発想は、20世紀の前時代的発想であり、多様な柔軟性供給源を賢く組み合わせて変動を管理する時代に世界はとっくの昔に突入しています。「多様な柔軟性供給源」のなかには、再エネ自身、しかもバイオマスや水力のような人為的に調整可能な電源だけでなく、風力や太陽光ですら自ら柔軟性を供給できることが明らかになっています。それ故、第1章で示したとおり、今や複数の国際機関が２０５０年には再エネ９割、そして火力わずか２％の将来像を描くに至っているのです。しかも、２０４０年の予測でも火力は４％です（再エネは約８割）。「火力に頼らない電力システム」は、遠い未来にやってくるわけではなく、あとたった16年で実現されることを世界は本気で目指しているのです。

本節のタイトルである「再エネが再エネを調整する日」は、画期的な技術があれば遠い未来に実現できるだろう……ではなく、実は世界ではもう10年も前から実用段階に達し、市場で取引されています。それを知らないのは日本だけかもしれません。

おわりに　再び、2050年に再エネ9割？

「2050年には再エネが9割になる」と聞いて、あなたはどう思われますか？

これが本書で最初の問いかけです。もしかしたら多くの方が、「そんなのできっこない！」「夢物語だ！」「荒唐無稽だ！」と反論したかもしれませんが、本書を最後までお読みの方であれば、もはや荒唐無稽だという指摘自体が荒唐無稽であることがわかったことでしょう。

本書では繰り返し、国際機関の報告書など、世界でほぼ合意形成のとれた最新の国際情報を紹介してきました。そしてそのほとんどが、日本語情報になっていないか、なっていたとしてもほとんどメディアで紹介されず、インターネットでも膨大な非科学ナラティブ情報の洪水に埋没して多くの人がたどり着けない状況になっていることを明らかにしました。これを私は「ふんわり情報統制」と名付けて、警告を発していることも繰り返し述べてきました。そうです、私たちは世界の動向をほとんど「知らされていない」状況にあるのです。脱炭素や再エネの議論をする際の出発点は、ここから始めなければなりません。

日本では、「再エネは環境に悪い」「再エネは日本に向かない」「再エネを入れると停電になる」……という主張があまりに多く流布していますが、そのほとんどが科学的根拠や科学的方法論に基づかないあやふやであいまいな言説ばかりです。それらの言説をつぶさに観察すると、以下のような8つのパターンに分類できます。

①重要な情報の欠落、もしくは意図的隠蔽　国際的あるいは理論的に議論されていることが日本でほとんど流布していないため、多くの国民が脱炭素・再エネを議論する上で重要な情報を知らされていない。

例「再エネはコストが高い！」

↓本来、コストの議論の前に、従来型電源は隠れたコスト（外部不経済）があること、再エネには便益があることを議論する方が先。

②不適切な用語選択、恣意的な誤訳　専門用語と異なるなんちゃって用語を使っている。言葉のイメージだけで独自解釈や恣意的な連想ゲームを展開させている。科学的・学術的理論と大きく乖離。

例「再エネは不安定！」

↓電力工学上の安定度と全く異なる。変動することは直ちに「不安定」を意味するものではない。

③統計データの無視　なんとなくの想像と憶測で事実を確認しないまま主張する。不安を煽る形で情報を拡散する。

例「再エネが増えたら停電になる！」

↓再エネ導入が進む各国でそのような相関データは見られない。

④古い知識　10〜20年前にはそういわれていたかもしれないが、その後技術や制度の劇的な進歩が起こっていることに無関心。

例「再エネは電力システムに2〜3割までしか入らない！」

↓10年以上前は国際機関でもそう予想していた。今は9割まで入るというのが国際的に合意された見解。

⑤0か100の極端な二元論　科学を万能視・絶対視し、不確実性があることを認識しない（しようとしない）と、無謬《むびゅう》主義に陥り、その反動で科学的根拠を無視したり科学的方法論を軽んじたりしやすい。

例「停電は絶対に起こしてはいけない！」

↓リスクは確率論で考え、コストも含めた合理的な対策をする。実際に停電の考え方は日本も含む世界各国で確率的手法が取られている（そしてそのことが多くの国民に知らされていない）。

⑥特称命題と全称命題の混同　特定設備のトラブルを連想ゲームで全体に拡大解釈し、その技術全体を否定する。

例「再エネは環境破壊！」

↓一部の再エネ設備が環境に悪影響を与えているのは確かだが、再エネという技術特有の問題ではなく、法制度の問題が多い。

⑦理想やあるべき姿に対する嘲笑・冷笑・揶揄

例「現実的には……」「～が現実的だ」

↓脱炭素・再エネに関しては、国際的にはコンピュータ・シミュレーションによりあるべき最適解を計算し政策決定を行なうことが進められているが、あるべき姿を探求すること自体を冷笑・嘲笑・揶揄し、既得権益維持や現状維持を狙う。

⑧日本特殊論　国際共通認識に対して、科学的な根拠なく、日本は特殊だから日本には当てはまらないと断じる。

例「日本は狭い島国で……」

↓自然環境や電力システムの構成、制度設計など、他国と違いがない国は存在しない。それでも、再エネ大量導入の共通手法や方法論はあり、世界の多くの国で進められている。日本は狭い島国だとしても再エネのポテンシャルは非常に高い。狭い島国だが揚水発電の設備容量は世界第2位で米国よりも大きいなど。

これらは単独で用いられることはむしろ稀で、多くの場合、巧妙に組み合わされたり、議論の最中に次々と変節して煙に巻く手口がしばしば取られます。

結局のところ、再エネに対するネガティブな言説のほとんどが、単に新しい時代の変化についていけていないための言い訳にすぎず、現状維持バイアスに陥っているだけのようです。

行動を変えたり考え方をあらためたりするのには100の理由を要求し、100の言い訳をして問題を先送りする一方、行動を変えなかったり考え方をあらためないのには1の理由も必要がないかのように思われがちですが、リスクが迫り来るなかではその考えは全く逆になります。実際は、迫り来る人類規模のリスクとしての気候変動やそれに伴う自然災害の多発を前に、現状維持を貫こうとすればするほど、現状を維持すること自体がますます難しくなるばかりです。今まで外部不経済という形で将来にツケを回して現状維持を享受してきた既得権益者たちも、自らが垂れ流す外部不経済によってその既得権益を維持することが難しくなっています。リスクを目の前にして行動を変えないことは、それ自体が大きなリスクになりかねません。

リスクという不確実性を含む事象を目の前にして、その不安から逃れようとするあまり、不確実性をなかったことにしようとすると、それは隠れたコスト（外部不経済）になりやすく、ますます未来にツケを回す結果となります。不確実性をなかったことにすると、それは科学絶対視になりやすく、その反動で科学軽視に転落しやすくなります。不確実性をなかったことにすると、０か1の極端な二元論に陥りやすく、１００点満点でないなら0点と一緒という虚無主義や冷笑・嘲笑主義にはまりやすくなります。再エネに対して非科学的なナラティブが多いのは、そのほとんどがこのパターンだともいえるでしょう。

そして、もちろん世界中どこの国でも非科学的・非論理的な言説は流されていますが、ほとんどの国は（特に先進国は）そのような非科学的・非論理的言説が流布されても「いや、ちょっと待ってください」と冷静にツッコミを入れる力が働きます。科学技術立国であるはずの日本は、その科学的なツッコミ力がもはや失われているのかもしれません。**2・1節**で述べたとおり、科学とは単なる知識の寄せ集めではなく（特に自分にとって都合のいい情報の寄せ集めではなく）、方法論なのです。方法論に沿って論理的に考えれば、今まで自分が考えていたことを修正すべきではないか、行動を変えるべきできないか、という結論になることもしばしばあります。その場合、科学的態度を貫けば、（決して自分に取って耳心地がよくなかったとしても）適切な方法論によって導かれた結論に素直にしたがうことができます。今の日本にとって一番足りないのは、この科学的思考能力かもしれません。

環境分野ではしばしば「ＢＡＵ」という言葉が用いられます。ビジネス・アズ・ユージュアルの略で、直訳すれば「今までどおり」という意味です。学術論文や報告書などではこのＢＡＵが「無対策ケース」として参照されます。私たちは気候変動という、遠い未来にやってくるリスクではなく今まさに日本が多くの被害を被っているリスクに対して、ＢＡＵのままでよいのか、行動するのか、選択を迫られています。読者のみなさんには、その選択の意思決定をするにあたり、適切な情報が与えられているのか？　私たちがまだ知らない情報（まだ知らされていない情報）があるのではないか？　とアンテナを張って、科学的方法論で情報収集を進めていっていただければと思います。本書がその出発点になれば幸いです。

スコットランド・グラスゴーにて　　安田 陽

第1章の参考文献

[1] 志葉玲：テレビの猛暑報道／99%が「温暖化」語らなかった―各局に報道姿勢を聞いてみると…／Yahoo!ニュース／２０２４年８月30日／https：//news.yahoo.co.jp/expert/articles/57c1dcff4a587582662c5aeb030d403399b01391

[2] German Watch: Global Climate Risk Index 2020 2020
https://www.germanwatch.org/sites/default/files/20-2-01e%20Global%20Climate%20Risk%20Index%202020_14.pdf

[3] United Nations Framework Convention on Climate Change (UNFCCC)：Matters relating to the global stocktake under the Paris Agreement, Advance unedited version, Decision -/CMA.5, 13th December 2023.
https://unfccc.int/documents/636584

[4] 日本経済新聞：再エネ30年に3倍／国内に「容量あると考えず」環境相／２０２３年12月３日／https://www.nikkei.com/article/DGXZQOUA030N20T01C23A2000000/

[5] 環境省：令和元年度再生可能エネルギーに関するゾーニング　基礎情報等の整備・公開に関する委託業務報告書／２０２０年
https://www.renewable-energy-potential.env.go.jp/RenewableEnergy/report/r01.html

[6] European Wind Energy Association (EWEA)：WindBarriers – Administrative and grid access barriers to wind power, July 2010. http://www.ewea.org/fileadmin/files/library/publications/reports/WindBarriers_report.pdf

[7] 経済産業省：第42回総合資源エネルギー調査会 基本政策分科会 議事録／２０２１年４月28日
https://www.enecho.meti.go.jp/committee/council/basic_policy_subcommittee/2021/042/042_007.pdf

[8] International Energy Agency (IEA)：Net Zero by 2050 – A Roadmap for the Global Energy Sector, May 2021
https://www.iea.org/reports/net-zero-by-2050

[9] UNFCCC：Adoption of the Paris Agreement, Decision 1/CP.21, 29th January 2016.
https://unfccc.int/resource/docs/2015/cop21/eng/10a01.pdf

[10] UNFCCC：Summary of Global Climate Action at COP 28, 11th Dec. 2023. https://unfccc.int/sites/default/files/resource/Summary_GCA_COP28.pdf

[11] IEA: World Energy Outlook 2024, Oct 2024
https://www.iea.org/reports/world-energy-outlook-2024

[12] International Renewable Energy Agency (IRENA)：World Energy Transitions Outlook – 1.5°C Pathway, June 2021

https://www.irena.org/publications/2021/Jun/World-Energy-Transitions-Outlook
[13] 環境省：パリ協定の概要(仮訳)／2016年
https://www.env.go.jp/earth/ondanka/cop21_paris/paris_conv-a.pdf
[14] 気候変動に関する政府間パネル（IPCC）：第6次評価報告書 WG1 政策決z定者無向け要約／暫定訳／2022年12月22日版
https://www.data.jma.go.jp/cpdinfo/ipcc/ar6/IPCC_AR6_WGI_SPM_JP.pdf
[15] 首相官邸：第二百三回国会における菅内閣総理大臣所信表明演説／令和2年10月26日
https://www.kantei.go.jp/jp/99_suga/statement/2020/1026shoshinhyomei.html
[16] 経済産業省：2050年カーボンニュートラルに伴うグリーン成長戦略／2020年12月25日
https://www.cas.go.jp/jp/seisaku/seicho/seichosenryakukaigi/dai6/siryou2.pdf
[17] 経済産業省：第6次エネルギー基本計画／2021年10月
https://www.meti.go.jp/press/2021/10/20211022005/20211022005-1.pdf
[18] 日本国政府代表団：国連気候変動枠組条約第28回締約国会議（COP 28）結果概要／外務省ウェブサイト／2023年12月18日
https://www.mofa.go.jp/mofaj/ic/ch/pagew_000001_00076.html
[19] 明日香壽川他：パリ協定およびグラスゴー気候協定の1・5℃目標の実現可能性をより高めるための日本の第6次エネルギー基本計画代替案／環境経済・政策研究／ Vol.15, No.1, pp.29-47, 2022
[20] 国際連合広報センター：プレスリリース／2022年4月22日
https://www.unic.or.jp/news_press/info/43848/
[21] Europian Union: Opening, interventions and closing remarks by President von der Leyen at the global pledging event・Stand Up For Ukraine, 9 April 2022.
https://ec.europa.eu/commission/presscorner/detail/en/STATEMENT_22_2375
[22] The White House: Remarks by President Biden on the United Efforts of the Free World to Support the People of Ukraine, March 26, 2022
https://www.whitehouse.gov/briefing-room/speeches-remarks/2022/03/26/remarks-by-president-biden-on-the-united-efforts-of-the-free-world-to-support-the-people-of-ukraine/
[23] IPCC：第6次評価報告書　統合報告書　政策決定者向け要約（文科省、経産省、気象庁、環境省による和訳）
https://www.env.go.jp/content/000265059.pdf

[24] 朝日新聞：IPCC「大幅削減の手段ある」1・5度目標、望みつなぐには／2023年3月21日
https://www.asahi.com/articles/ASR3N75DZR3NULZU00P.html
[25] 安田陽：世界の再生可能エネルギーと電力システム〜経済・政策編／インプレスR&D／2019年
[26] C.クリステンセン：イノベーションのジレンマ　技術革新が巨大企業を滅ぼすとき／翔泳社／2001年
[27] 日経ビジネス：脱炭素の進捗、日本は「優等生」欧米は目標とのかい離大きく／2024年3月15日
https://business.nikkei.com/atcl/gen/19/00332/031300077/

第2章の参考文献

[1] IRENA: Renewable Power Generation Costs in 2023. Sept. 2024.
https://www.irena.org/Publications/2024/Sep/Renewable-Power-Generation-Costs-in-2023
[2] IRENA: ReMap: Road Map for a Renewable Energy Future. 2016 Edition. 2016.
[3] 資源エネルギー庁：発電コスト検証について／総合資源エネルギー調査会基本政策分科会第48回資料1／2021年8月4日
https://www.enecho.meti.go.jp/committee/council/basic_policy_subcommittee/2021/048/048_004.pdf
[4] 大島堅一：原発のコスト—エネルギー転換への視点／岩波書店／2011年
[5] 山本隆三：脱炭素政策が追い詰める貧困層—欧米の実情は対岸の火事にあらず—／国際環境経済研究所／2021年10月1日
https://ieei.or.jp/2021/10/yamamoto-blog211001/
[6] 田中信一郎：貧困対策に効果的なエネルギー・住宅政策／Energy Democracy／2017年10月4日
https://energy-democracy.jp/2088
[7] 松尾和也：ホントは安いエコハウス／日経Bookプラス／2017年
[8] 三浦秀一：研究者が本気で建てたゼロエネルギー住宅／農山漁村文化協会／2021年
[9] 高橋真樹：「断熱」が日本を救う—健康、経済、省エネの切り札／集英社新書／2024年
[10] 資源エネルギー庁：燃料油価格激変緩和補助金
https://nenryo-gekihenkanwa.go.jp
[11] 日本経済新聞：ガソリン・電気・ガス補助金計11兆円超　市場のゆがみ拡大／2024年9月3日
https://www.nikkei.com/article/DGXZQOUA033810T00C24A9000000/

［12］宇沢弘文：自動車の社会的費用／岩波新書／１９７４年
［13］B. K. Sovacool: Rejecting renewables: The socio-technical impediments to renewable electricity in the United States, Energy Policy, Vol.37, pp.4500-4513 2009
［14］Sarsin & Partners: Guide to Ethical Restrictions, 2024
https://sarasinandpartners.com/wp-content/uploads/2020/05/guide-to-ethical-restrictions.pdf
［15］Corporate Advisor: USS to divest from tobacco, coal and arms manufacturersJune 1, 2020
https://corporate-adviser.com/uss-to-divest-from-tobacco-coal-and-arms-manufacturers/
［16］CANDRI AM: Candari am Exclusion Policy, October 2024
https://www.candriam.com/siteassets/medias/publications/brochure/corporate-brochures-and-reports/exclusion-policy/candriam-exclusion-policy-en.pdf
［17］リー・マッキンタイア：エビデンスを嫌う人たち―科学否定論者は何を考え、どう説得できるのか?／国書刊行会／２０２４年
［18］The New York Times: U.S. Standards for School Snacks Move Beyond Cafeteria to Fight Obesity, June 27, 2013
https://www.nytimes.com/2013/06/28/business/us-takes-aim-on-snacks-offered-for-sale-in-schools.html
［19］小嶋隆夫編：経済用語辞典／第４版／東洋経済新報社／２００７年
［20］神戸大学経済経営学会編：ハンドブック経済学／ミネルヴァ書房／２０１１年
［21］杉山大志：気候危機はリベラルのフェイク／キヤノングローバル戦略研究所／２０１１年３月１日
https://cigs.canon/article/20210301_5653.html
［22］国際再生可能エネルギー機関（ＩＲＥＮＡ）：世界再生可能エネルギー展望　２０２０年／環境省／２０２１年
https://www.env.go.jp/earth/report/R2_Reference_5.pdf
［23］一般財団法人建設物価調査会：建設物価　建築費指数（２０１５年基準）
https://www.kensetu-bukka.or.jp/business/so-ken/shisu/shisu_kentiku/
［24］経済産業省：風力発電競争力強化研究会報告書／２０１６年10月
https://www.meti.go.jp/shingikai/santeii/pdf/025_s02_00.pdf
［25］経済産業省：太陽光発電競争力強化研究会報告書／２０１６年10月
https://www.meti.go.jp/shingikai/santeii/pdf/025_s01_00.pdf

[26] 自然エネルギー財団：日本の太陽光発電のコスト構造分析２０２１／２０２１年９月
https://www.renewable-ei.org/pdfdownload/activities/Report_SolarPVCostJapan2021.pdf

第３章の参考文献

[1] 三省堂：スーパー大辞林／Apple Dictionary 版 ver.2.3.0／２０２０年
[2] Oxford University Press: Oxford Dictionary of English, Apple Dictionary ver.2.3.0, 2020
[3] 中村雄二郎：総論―なぜいま科学・技術なのか／岩波講座　科学・技術と人間１『問われる科学・技術』／岩波書店／１９９９年
[4] 藤垣裕子：専門知と公共性―科学技術社会論の構築に向けて／東京大学出版会／２００３年
[5] カール・ライムント・ポパー：科学的発見の論理　上・下／恒星社厚生閣／１９７１年
[6] リー・マッキンタイア：エビデンスを嫌う人たち―科学否定論者は何を考え、どう説得できるのか？／国書刊行会／２０２４年
[7] 日本規格協会：JIS Q 31000：2019「リスクマネジメント―指針」（ISO 31000：2018）
[8] ＩＰＣＣ：第５次評価報告書　第１作業部会報告書（自然科学的根拠）政策決定者向け要約（気象庁暫定訳）／２０２４年
https://www.data.jma.go.jp/cpdinfo/ipcc/ar6/IPCC_AR6_WGI_SPM_JP.pdf
[9] IRENA：再生可能な未来のための計画／環境省／２０１８年
https://www.env.go.jp/earth/report/h30-01/ref01.pdf
[10] 国土交通省　道路局　都市局：費用便益分析マニュアル／２０２３年12月
https://www.mlit.go.jp/road/ir/ir-hyouka/ben-eki_2.pdf
[11] A.E.ボードマン他：費用・便益分析―公共プロジェクトの評価手法の理論と実践／ピアソン／２００４年
[12] T.F.ナス：費用便益分析―理論と応用／勁草書房／２００７年／監訳者あとがき
[13] 首相官邸：第二百三回国会における菅内閣総理大臣所信表明演説／２０２１年10月26日
https://www.kantei.go.jp/jp/99_suga/statement/2020/1026shoshinhyomei.html
[14] 資源エネルギー庁：２０５０年カーボンニュートラルの実現に向けた検討／第33回基本政策分科会／配布資料／２０２０年11月18日
https://www.enecho.meti.go.jp/committee/council/basic_policy_subcommittee/033/033_004.pdf
[15] 経済産業省　総合資源エネルギー調査会　基本政策分科会（第34回会合）／令和２年12月14日（月）配付資料
https://www.enecho.meti.go.jp/committee/council/basic_policy_subcommittee/034/

［16］経済産業省 総合資源エネルギー調査会 基本政策分科会：第34回会合議事録／２０２０年12月14日
https://www.enecho.meti.go.jp/committee/council/basic_policy_subcommittee/034/034_010.pdf
［17］F. Ueckerdt et al.: System LCOE: What are the costs of variable renewables?, Energy, Vol.63, pp.61-75 , 2013
［18］IEA Wind TCP Task25: 変動性電源大量導入時のエネルギーシステムの設計と運用 最終報告書 , 2022 年
https://www.nedo.go.jp/content/100959887.pdf
［19］経済産業省：２０５０年カーボンニュートラルの実現に向けた検討／第35回基本政策分科会／資料１／２０２０年12月22日
https://www.enecho.meti.go.jp/committee/council/basic_policy_subcommittee/035/035_004.pdf
［20］日本エネルギー経済研究所：変動性再生可能エネルギー―大量導入時の電力部門の経済性評価―モデル分析からのインプリケーション―／第34回基本政策分科会／資料３-３／２０２０年12月14日
https://www. enecho.meti.go . jp/committee/council/basic_policy_subcommittee/034/034_006.pdf
［21］Bloomberg NEF, Hydrogen Economy Outlook Key messages, March 30, 2020
https://data.bloomberglp.com/professional/sites/24/BNEF-Hydrogen-Economy-Outlook-Key-Messages-30-Mar-2020.pdf
［22］内閣官房：２０５０年カーボンニュートラルに伴うグリーン成長戦略／成長戦略会議（第６回）配付資料／２０２０年12月25日
https://www. cas.go .jp/jp/seisaku/seicho/seichosenryakukaigi/dai6/index.html
［23］内閣官房・経済産業省・内閣府・金融庁・総務省・外務省・文部科学省・農林水産省・国土交通省・環境省：２０５０年カーボンニュートラルに伴うグリーン成長戦略／２０２１年６月18日
https://www.meti.go.jp/press/2021/06/20210618005/20210618005-3.pdf
［24］地球環境産業技術研究機構（ＲＩＴＥ）：２０５０年カーボンニュートラルのシナリオ分析（中間報告）／第43回基本政策分科会／資料２／２０２１年５月18日
https : //www.enecho. meti. go. jp/committee/council/basic_policy_subcommittee/2021/043/043_005.pdf
［25］地球環境戦略研究機関（ＩＧＥＳ）：再エネ１００％シナリオは本当に「現実的ではない」のか？：電力部門脱炭素化の実現のため、対策オプションの幅を拡げよう／２０２１年５月（２０２１年６月７日差し替え）
https://www.iges.or.jp/jp/pub/commentary-202105/ja
［26］ＲＩＴＥ：ＲＩＴＥの２０５０年カーボンニュートラルのシナリオ分析へのＩＧＥＳの指摘事項に対する解説／第44回基本政策分科会／資料８／２０２１年６月11日
https://www.enecho.meti.go.jp/committee/council/basic_policy_subcommittee/2021/044/044_011.pdf

［27］ ＩＧＥＳ：再エネ１００％シナリオは本当に「現実的ではない」のか？《補論》―２０２１年５月ＩＧＥＳコメンタリーに対するＲＩＴＥからの解説への応答―／２０２１年６月
https://www.iges.or.jp/jp/pub/commentary-202105-addendum/ja

［28］ 経済産業省：総合資源エネルギー調査会 基本政策分科会（第44回会合）／配付資料／２０２１年６月30日
https://www.enecho.meti.go.jp/committee/council/basic_policy_subcommittee/2021/044/

［29］ 資源エネルギー庁：２０５０年シナリオ分析の結果比較／第45回基本政策分科会／資料１／２０２１年７月13日
https://www.enecho.meti.go.jp/committee/council/basic_policy_subcommittee/2021/045/045_004.pdf

［30］ 経済産業省：エネルギー基本計画（素案）／第46回基本政策分科会／資料２／２０２１年７月21日
https://www.enecho.meti.go.jp/committee/council/basic_policy_subcommittee/2021/046/046_005.pdf

［31］ 日本政府：第６次エネルギー基本計画／２０２１年
https://www.meti.go.jp/press/2021/10/20211022005/20211022005-1.pdf

［32］ 経済産業省資源エネルギー庁：エネルギー基本計画の概要／２０２１年
https://www.meti.go.jp/press/2021/10/20211022005/20211022005-2.pdf

［33］ 国立研究開発法人新エネルギー・産業技術総合開発機構（ＮＥＤＯ）：グリーンイノベーション基金事業概要
https://green-innovation.nedo.go.jp/about/

［34］ 経済産業省：産業構造審議会 グリーンイノベーションプロジェクト部会
https://www.meti.go.jp/shingikai/sankoshin/green_innovation/index.html

［35］ 経済産業省産業技術環境局：産業構造審議会 グリーンイノベーションプロジェクト部会の設置について／グリーンイノベーションプロジェクト部会／第１回資料１／２０２１年２月
https：//www.meti.go.jp/shingikai/sankoshin/green_innovation/pdf/001_01_00.pdf

［36］ 経済産業省：分野別資金配分方針／グリーンイノベーションプロジェクト部会エネルギー構造転換分野ワーキンググループ／第１回参考資料／２０２１年４月15日
https://www.meti.go.jp/shingikai/sankoshin/green_innovation/energy_structure/pdf/001_s01_00.pdf

［37］ ＮＥＤＯ：グリーンイノベーション基金事業の概要／東京大学×日本証券業協会 SDGs シンポジウム資料／２０２３年４月
https://www.jsda.or.jp/sdgs/files/230419_ut_jsda_symposium_nedo.pdf

［38］ International Energy Agency (IEA): Net Zero by 2050 –A Roadmap for the Global Energy Sector, May 2021

［39］ 環境省地球環境局：ＴＲＬ計算ツール利用マニュアル〈第三版〉／２０１６年12月
https://www.env.go.jp/content/900443533.pdf
［40］ IPCC : Climate Change 2022 Mitigation of Climate Change, Working Group III contribution to the Sixth Assessment Report, 2022
https://www.ipcc.ch/report/ar6/wg3/downloads/report/IPCC_AR6_WGIII_FullReport.pdf
［41］ 安田陽：ゆるく楽しくベジタリアン。／連載コラム　泡のない温いビールはお好きですか？　～食と文化と再生可能エネルギー～　第４回／ Energy Shift ／２０２９年12月14日
https://energy-shift.com/news/eb2b97ef-86d2-45f6-9f8a-e6e3f2ac2221

第４章の参考文献

［１］ IEA Wind Task 25：ファクトシート No.1 ／風力・太陽光発電の系統連系／ＮＥＤＯ／２０２０年
https://www.nedo.go.jp/content/100923371.pdf
［２］ ＩＲＥＮＡ：変動性再生エネルギー大量導入時代の電力市場設／環境省／２０１９年
https://www.env.go.jp/earth/report/sankou2%20saiene_2019.pdf
［３］ 欧州風力エネルギー協会（EWEA）：風力発電の系統連系～欧州の最前線～／日本風力エネルギー学会訳／２０１２年
ww.jwea.or.jp/publication/ PoweringEuropeJP.pdf
［４］ IRENA : Power System Flexibility for the Energy Transition, Part 1: Overview for Policy Makers, 2018.
https://www.irena.org/-/media/Files/IRENA/Agency/Publication/2018/Nov/IRENA_Power_system_flexibility_1_2018.pdf
［５］ IEA: Harnessing Variable Renewables, May 2011
https://www.iea.org/reports/harnessing-variable-renewables
［６］ International Hydropower Association (IHA) : 2024 World Hydropower Outlook, 2024
https://www.hydropower.org/publications/2024-world-hydropower-outlook
［７］ Danish Energy Agency: Technology Data Energy Storage, 2018 – updated April 2024
https://ens.dk/sites/ens.dk/files/Analyser/technology_data_catalogue_for_energy_storage.pdf
［８］ IEA: Renewables 2023 – Analysis and forecast to 2028, 2023

https://www.iea.org/reports/renewables-2023

[9] IRENA: Innovation Outlook - Thermal Energy Storage, November 2020
https://www.irena.org/publications/2020/Nov/Innovation-outlook-Thermal-energy-storage

[10] エネチェンジ：エコキュートの電気代が高い原因と３つの対処法を紹介／２０２４年９月22日
https://enechange.jp/articles/ecocute-saving-2

[11] 岩船由美子：カーボンニュートラルへ向けた低圧リソース活用の可能性／経済産業省　第43回省エネルギー小委員会／資料３／２０２３年11月29日
https://www.meti.go.jp/shingikai/enecho/shoene_shinene/sho_energy/pdf/043_03_00.pdf

[12] 日立：将来の低炭素電力系統に柔軟性をもたらす技術／日立評論
https://www.hitachihyoron.com/jp/column/content/vol46/index.html

[13] トヨタイムズ：日本のカーボンニュートラルを考える　自工会・豊田会長が語った事実／２０２１年１月８日
https://toyotatimes.jp/toyota_news/111.html

[14] 日本経済新聞：電力消費、２０５０年に４割増　生成ＡＩ普及で想定超す爆食／２０２４年４月10日
https://www.nikkei.com/article/DGXZQOUA29A5J0Z20C24A3000000/

[15] 日本経済新聞：新原発で想定超えた安全対策費、電気代上乗せも／経産省／２０２４年６月25日
https://www.nikkei.com/article/DGXZQOUA2436V0U4A620C2000000/

[16] IEA：Data Centres and Data Transmission Networks, Last update on 11 July 2023
https://www.iea.org/energy-system/buildings/data-centres-and-data-transmission-networks

[17] 安田陽他：Ｃ－Ｅ（出－抑制－電力量シェア）マップ－風力・太陽光発電の出力抑制を評価するための客観的・定量的－手法－／京都大学再生可能エネルギー経済学講座　ディスカッションペーパー／No.46／２０２３年
https://www.econ.kyoto-u.ac.jp/renewable_energy/stage2/contents/dp046.html

[18] 電力広域的運営推進機関：広域系統長期方針（広域連系系統のマスタープラン）の策定について／２０２３年３月29日
https://www.occto.or.jp/kouikikeitou/chokihoushin/230329_choukihoushin_sakutei.html

[19] 電力広域的運営推進機関　地域間連系線及び地内送電系統の利用ルール等に関する検討会事務局：作業停止計画調整に係る事項の現状報告と今後の進め方／第11回　地域間連系線及び地内送電系統の利用ルール等に関する検討会　資料３／２０２０年８月28日

https://www.occto.or.jp/iinkai/chinai_rule/2020/files/renkeisen-chinai_kentoukai_11_03.pdf
[20] 安田陽、桑畑玲奈：ドイツ需給調整市場の市場取引分析～日本への示唆／電気学会新エネルギー・環境・高電圧合同研究会／FTE-18-020, HV-18-067／２０１８年６月
[21] 井伊亮太、安田陽他：スペインの需給調整市場の動向～日本での水力発電の需給調整市場における活用に向けて～／第38回エネルギー・資源学会研究発表会／No.18-5／２０１９年８月
[22] IEA: Integrating Solar and Wind - Global experience and emerging challenges, September 2024
https://www.iea.org/reports/integrating-solar-and-wind
[23] T. Ackermann 編著：風力発電導入のための電力系統工学／オーム社／２０１３年
[24] IEA Wind Task25：風力発電が大量に導入された電力系統の設計と運用」第１期最終報告書／日本電機工業会／２０１２年
http://jema-net.or.jp/Japanese/res/wind/shiryo.html
[25] IEA Wind Task25：ファクトシート No.7　風力発電と電力貯蔵／ＮＥＤＯ／２０２０年
https://www.nedo.go.jp/content/100923377.pdf
[26] 北海道電力送配電：北海道エリアの需給実績
https://www.hepco.co.jp/network/renewable_energy/fixedprice_purchase/supply_demand_results.html
[27] 東北電力ネットワーク：エリア需給実績のダウンロード
https://setsuden.nw.tohoku-epco.co.jp/download.html
[28] 東京電力パワーグリッド：エリア需給実績データ
https://www.tepco.co.jp/forecast/html/area_jukyu_p-j.html
[29] 中部電力パワーグリッド：エリア需給実績データ
https://powergrid.chuden.co.jp/denkiyoho
[30] 北陸電力送配電：エリア需給実績について
https://www.rikuden.co.jp/nw_jyukyudata/area_jisseki.html
[31] 関西電力送配電：関西エリアの需給実績の公表
https://www.kansai-td.co.jp/denkiyoho/area-performance.html
[32] 中国電力ネットワーク：供給区域の需給実績
https://www.energia.co.jp/nw/

［33］四国電力送配電：需給実績
https://www.yonden.co.jp/nw/renewable_energy/data/supply_demand.html

［34］九州電力送配電：系統情報の公開
https://www.kyuden.co.jp/td_service_wheeling_rule-document_disclosure

［35］毎日新聞：社説　太陽光発電の「出力制御」これでも「主力化」なのか／２０１８年10月16日

［36］朝日新聞：社説　太陽光の停止　電力捨てない工夫を／２０１８年10月17日

［37］東京新聞：電気代高騰中なのに…再生可能エネルギーの電力を「捨てる」？　中部電力が初の「出力制御」／２０２３年４月11日

［38］朝日新聞：太陽光が急に増えて…電気を「捨てる」出力制御、全国の大手電で拡大／２０２３年５月10日

［39］毎日新聞：再生エネ、原発５基分ムダ（その１）　５００万キロワット、出力制御　九州、３～５月に９日間／２０２３年８月８日

［40］日本経済新聞：東電も再エネ発電制限，停電回避へ春以降　全国で常態化／２０２４年２月４日

［41］朝日新聞：（時時刻刻）出力制御、嘆く再エネ業者　減収、倒産の恐れも「はしご外された」／２０２４年２月10日

［42］安田陽、奥山恭之、大門敏男：小規模太陽光発電所の逸失電力量分析～出力抑制と不適切な管理による累積損失率の比較～ Journal of Japan Solar Energy Society, Vol.50, No.4, pp.59-68 2024

［43］Bird. L. et al. Wind and Solar Energy Curtailment: Experience and Practices in the United States, Technical Report, NREL/TP-6A20-60983, National Renewable Energy Laboratory, 2014

［44］日本産業規格：JIS C 1400-0 : 2023　風力発電システム―第０部　風力発電用語／２０２３年

［45］Y. Yasuda, et al.: C-E (curtailment – Energy share) map: An objective and quantitative measure to evaluate wind and solar curtailment, Renewable and Sustainable Energy Reviews, 160, 112212 , 2022

［46］安田陽：C―E（出力抑制―電力量シェア）マップ―風力・太陽光発電の出力抑制を評価するための客観的・定量的手法―／京都大学再生可能エネルギー経済学講座ディスカッションペーパー／No.46／２０２３年
https://www.econ.kyoto-u.ac.jp/renewable_energy/stage2/contents/dp046.html

［47］経済産業省　資源エネルギー庁：再生可能エネルギー出力制御の長期見通しについて／第45回系統ワーキンググループ資料 ワーキンググループ資料１／２０２３年３月14日
https://www.meti.go.jp/shingikai/enecho/shoene_shinene/shin_energy/keito_wg/pdf/045_01_00.pdf

［48］Y. Yasuda, et al.: Flexibility chart 2.0: An accessible visual tool to evaluate flexibility resources in power systems, Renewable

and Sustainable Energy Reviews, Vol.174 (2023) 113116, https://www.sciencedirect.com/science/article/pii/S1364032122009972
［49］安田陽他：柔軟性チャート2・0―電力システムの柔軟性リソースを評価するための簡易ビジュアルツール―／京都大学再生可能エネルギー経済学講座／ディスカッションペーパー／No.44／２０２３年
https://www.econ.kyoto-u.ac.jp/renewable_energy/stage2/contents/dp044.html
［50］IRENA: Power System Flexibility for the Energy Transition, Part II: IRENA Flextool Methodology, 2018
［51］NREL: Flexibility in 21st Century Power Systems, 2014
［52］S. Bozgo and A. Aliko: A Snapshot on the Albanian Power System Flexibility for RES, 12th SE Europe Energy Dialogue, 2020
［53］Triple: The Balance of Power – Flexibility Options for the Dutch Electricity Market, Final Report, 20115
［54］安田陽（監修）：再生可能エネルギーをもっと知ろう　全3巻／岩崎書店／２０２１年
［55］安田陽他（監修）：ポプラディアプラス　地球環境　全3巻／ポプラ社／２０２４年
［56］1分でわかる再エネ（Instagram版）：https://www.instagram.com/re.1min/
［57］1分でわかる再エネ（TikTok版）：https://www.tiktok.com/@re.1min?lang=ja-JP
［58］1分でわかる再エネ（YouTube版）：https://www.youtube.com/@RE.1min/videos

第5章の参考文献

［1］安田陽：再生可能エネルギーのリスクとメンテナンス／インプレスR&D／２０１７年
［2］環境省：風力発電に係る地方公共団体によるゾーニングマニュアル（第1版）／２０１８年
https://www.env.go.jp/content/900511122.pdf
［3］髙橋寿一：再生可能エネルギー設備の建設促進に関する近年のドイツ法制の一局面―改正法の内容とその意味―／京都大学再生可能エネルギー経済学講座コラム／No.350／２０２２年
https://www.econ.kyoto-u.ac.jp/renewable_energy/stage2/contents/column0350.html
［4］髙橋寿一：ポジティブ・ゾーニングに関する一考察／―ドイツ法の構造と若干の日独比較―／京都大学再生可能エネルギー経済学講座コラム／No.279／２０２１年

http://www.econ.kyoto-u.ac.jp/renewable_energy/stage2/contents/column0279.html
[5] 髙橋寿一：再生可能エネルギーと国土利用／勁草書房／２０１６年
[6] ＩＲＥＮＡ：将来の再生可能エネルギー社会を実現するイノベーションの全体像：変動性再生可能エネルギー導入のためのソリューション／環境省／２０２０年
http://www.env.go.jp/earth/report/R01_Reference_2.pdf
[7] 安田陽：動的線路定格（ＤＬＲ）という柔軟で「賢い」考え方。／京都大学再生可能エネルギー経済学講座コラム No.123／２０１９年４月８日
https://www.econ.kyoto-u.ac.jp/renewable_energy/occasionalpapers/occasionalpapersno123
[8] シュムペーター：経済発展の理論　全二巻／岩波文庫／１９７７年
[9] 日本経済新聞：再生エネ導入、工夫施し加速を　ハル・ハーベイ氏／２０２４年８月29日
[10] National Grid ESO: Technical Report on the events of 9 August 2019 2019
https://www.nationalgrideso.com/document/152346/download
[11] The Office of Gas and Electricity Markets (Ofgem): Companies pay £10.5 million over 9 August power cut 2020
https://www.ofgem.gov.uk/press-release/companies-pay-ps105-million-over-9-august-power-cut
[12] 電力広域的運営推進機関：容量市場メインオークション募集要項（対象実需給年度：２０２４年度）／２０２０年２月５日
https://www.occto.or.jp/market-board/market/jitsujukyukanren/files/200205_mainauction_boshuyoukou_jitsujukyu2024.pdf
[13] 経済産業省資源エネルギー庁：長期脱炭素電源オークションガイドライン／２０２３年７月11日
https://www.enecho.meti.go.jp/category/electricity_and_gas/electric/summary/regulations/pdf/choukigl_20230711.pdf
[14] 電気学会給電用語の解説調査専門委員会：給電用語の解説／電気学会技術報告／No.977／２００４年
[15] CEER (Council of European Energy Regulators): 7th CEER-ECRB Benchmarking Report on the Quality of Electricity and Gas Supply, 22 December, 2022
https://www.ceer.eu/publication/7th-ceer-ecrb-benchmarking-report-on-the-quality-of-electricity-and-gas-supply/
[16] EIA (Energy Information Agency): Table 11.4 SAIDI Values (Minutes Per Year) of U.S. Distribution System by State, 2013 - 2022
https://www.eia.gov/electricity/annual/html/epa_11_04.html
[17] 電力広域的運営推進機関：電気の質に関する報告書―２０２２年度実績―／２０２４年３月29日

https://www.occto.or.jp/houkokusho/2023/files/denki_no_shitsu_2022_231129.pdf
［18］ 経済産業省資源エネルギー庁：令和４年度エネルギーに関する年次報告（エネルギー白書２０２３）／２０２４年６月26日
https://www.enecho.meti.go.jp/about/whitepaper/2023/pdf/
［19］ 安田陽：日米欧の停電時間（ＳＡＩＤＩ）国際比較／平成30年電気学会全国大会／7-108／２０１８年
［20］ NHK：〝電力クライシス〟ぜい弱な日本の電力システムが露呈したものとは…／２０２２年６月13日
https://www.nhk.jp/p/switch-int/ts/K7Y4X59JG7/blog/bl/pkEldmVQ6R/bp/pNeE5JJPpN/
［21］ Federal Energy Regulatory Commission (FERC) : Resecure Adequacy Requirements: Reliability and Economic Implications 2013
［22］ T. Ackermann 編著：風力発電導入のための電力系統工学　第40章／オーム社／２０１３年
［23］ 日本経済新聞：電力「マイナス価格」世界各地で　再エネ急増のひずみ／２０２４年７月14日
https://www.nikkei.com/article/DGXZQOUB1041D0Q4A710C2000000/
［24］ C. Edumnd et al.: On the participation of wind energy in response and reserve markets in Great Britain and Spain, Renewableand Sustainable Energy Reviews, Vol.115, 109360 2019
［25］ Aidan Tuohy et al.: Power System Operational Flexibility Assessment – Methods and Case Studies from US Power Systems, WIW16-156 2016
［26］ IRENA: Flexibility in Conventional Power Plants – Innovation Landscape Brief 2019
https://www.irena.org/-/media/Files/IRENA/Agency/Publication/2019/Sep/IRENA_Flexibility_in_CPPs_2019.pdf?la=en&

安田 陽（やすだ・よう）
ストラスクライド大学アカデミックビジター／九州大学 客員教授／環境エネルギー政策研究所（ISEP）主任研究員。専門は風力発電の耐雷設計と系統連系。技術と経済・政策のあいだをつなぐ仕事をめざし、講演・出版などアウトリーチにも積極的に取り組む。現在、日本風力エネルギー学会および日本太陽エネルギー学会理事。IEC／TC88／MT24（風車耐雷）委員長、IEA Wind Task25（風力発電大量導入）専門委員など各種国際委員会メンバー。著書に『世界の再生可能エネルギーと電力システム』（全集、インプレスR&D）など、監修に『再生可能エネルギーをもっと知ろう』（全3巻、岩崎書店）、『ポプラディアプラス 地球環境』（全3巻、ポプラ社）。

企画編集　岡山泰史
校　　正　中井しのぶ
デザイン　松澤政昭
イラスト　佐久間 茜

2050年再エネ9割の未来

脱炭素達成のシナリオと科学的根拠

2025年1月5日　初版第1刷発行

著　　者　安田 陽
発 行 人　川崎深雪
発 行 所　株式会社山と溪谷社
〒101-0051 東京都千代田区神田神保町1丁目105番地
https://www.yamakei.co.jp/
●乱丁・落丁、及び内容に関するお問合せ先
山と溪谷社自動応答サービス TEL.03-6744-1900
受付時間／11:00～16:00（土日、祝日を除く）
メールもご利用ください。
【乱丁・落丁】service@yamakei.co.jp
【内容】info@yamakei.co.jp
●書店・取次様からのご注文先　山と溪谷社受注センター
Tel.048-458-3455　Fax.048-421-0513
●書店・取次様からのご注文以外のお問合せ先
eigyo@yamakei.co.jp
印刷・製本　株式会社光邦

ミックス
紙｜責任ある森林管理を支えています
FSC® C022575

VEGETABLE OIL INK

ISBN978-4-635-31052-9